U0397464

厉害坏了的科学

地球
趣多多

一点也不无聊的地理知识

【英】詹姆斯·多伊勒（James Doyle）著
【英】安德鲁·平德（Andrew Pinder）图

张珍真 译

上海科技教育出版社

欢迎来到地球

你是否曾经突发奇想，让北极熊和南极企鹅比试一番，看看谁会赢？

你是否曾经疑惑，为何每个人都在强调热带雨林的重要性？

你是否问过这样的问题，"飓风是怎么来的呢？"

或者，"山是怎么形成的？"

在超棒的本书中，你可以找到这些问题的答案——当然，还不止如此。在这本书里，你将发现，我们生活的星球是如此奇妙。你将读到各式各样的"地球之最"——山川土石，无所不包。你可以知道各种最糟糕的自然灾害——地震、火山喷发、山火及龙卷风。当然，还有些章节会带你研究地图，千万不可错过。这本书里还有许多趣味知识和统计数据，甚至还附有各个大洲的每个国家及首都的名录。

读完本书，你就能回答各种刁钻古怪的问题啦！"大洋和大海有什么区别？"或者"世界上最高的瀑布在哪？"通通难不倒。

现在，开始阅读吧。世界就在你的指尖。

目　录

地球

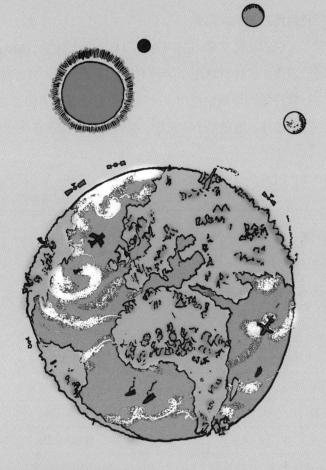

地球，美丽的家园

我们称之为家园的地球，是围绕太阳运转的八大行星中的一颗。根据离太阳的距离从近到远地排列，这八大行星分别是：水星、金星、地球、火星、木星、土星、天王星和海王星。太阳和八大行星合起来，就组成了我们所熟知的太阳系。

直到不久以前，冥王星还被列为太阳系第九大行星。2006年，科学家们通过表决，将比月球还小的冥王星"降级"为"矮行星"。

作为一颗行星，地球的地位十分特殊。它不仅是太阳系中唯一适合生命生存的星球，也是整个宇宙中，我们唯一已知存在生命的天体。

地球机密

年龄	45—46亿年
赤道周长	40 075 千米
表面积	510 065 700 平方千米
质量	6.0×10^{24} 千克
陆地面积	148 940 000平方千米
海洋面积	361 132 000平方千米
距离太阳的平均距离	150 000 000 千米
距离月球的平均距离	384 000 千米
海拔最高点（8844米）	喜马拉雅山脉，珠穆朗玛峰 尼泊尔/中国
陆地海拔最低点（-43米）	死海 以色列/约旦

小小世界

有时候我们觉得地球很大。不过，如果论大小的话，它在太阳系中只能排第五。木星是最大的行星，它的直径是地球的 11 倍。

地球是由什么构成的

地球属于"类地行星"，这类行星的主要组成成分是岩石而非气体。地球内部可大致分为三层。

地壳　这是固体地球的最外层。海洋地壳的平均厚度约 8 千米，而陆地地壳厚度平均约 40 千米。地壳的主要成分是花岗岩和玄武岩，这两种岩石都是火山喷发的产物。地壳也是人类的居住场所。

地幔　地幔位于地壳之下，其厚度约 2900 千米。由于温度高达 2000℃，因此地幔的岩石已被部分熔化，成为黏稠厚重的熔岩，称为"岩浆"。

地核　地核位于地球最深处。由于埋藏太深，目前科学家仍无法确定其组成。一般认为，地核的主要成分是铁和镍，地核的温度高达 7000℃！地核可分为外地核和内地核，外地核厚约 2250 千米，呈液态，内地核直径约 2600 千米。内地核的温度极高，但由于外地核对内地核产生了巨大的压力，因此科学家们认为内地核是固态的。

地心历险记

从地球表面到地心的距离约为 6400 千米。但事实上，你是不可能进行"地心之旅"的——在途中，你要么会被高温烤成一片肉干，要么会被巨大的压力挤成肉泥。

地壳

地幔

外地核

内地核

地壳的裂缝

地壳的表面并非一个整体，而是像一幅巨大的拼图，由许多拼图块组成。这些拼图块被称为"板块"。地壳由七大板块和许多小板块组成。"板块构造论"就是专门研究板块漂移的学说。半固体状的地幔在缓慢地移动，浮于地幔之上的板块也因此在地球表面慢慢移动。大部分板块边界位于海洋，且每年仅变化数厘米而已。

大板块	较大的小板块
非洲板块	阿拉伯板块
南极洲板块	加勒比板块
亚欧板块	科科斯板块
印度-澳洲板块	胡安德富卡板块
北美洲板块	纳斯卡板块
太平洋板块	菲律宾板块
南美洲板块	斯科舍板块

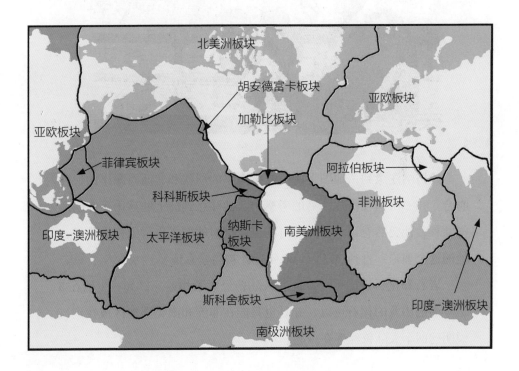

渐漂渐远

你知道吗？地球上所有的陆地曾经都连在一起，共同组成了名为"泛大陆"的原始大陆。第一位提出这一猜想的是德国地质学家阿尔弗雷德·魏格纳。

魏格纳注意到，地图上南美洲东海岸的形状和非洲西海岸的形状吻合。在一次前往格陵兰岛的考察中，他注意到岛上的冰山正在向海洋漂移，他突然意识到，大陆可能也以类似的方式进行漂移。不过，他的这个理论，直到 20 世纪 60 年代才被科学家证实。

岩石和化石证据也可以证明大陆曾经紧紧相连。例如，生活在 3 亿年前的中龙的化石可以、并且也只能在非洲和南美洲地区被找到，说明这两个大陆曾经连在一起。

漂移的大陆

在最近的 2.5 亿年间，地球经历了沧海桑田的变化。下面的几张地图将告诉你，在这段时期内，大陆是如何漂移的。

2.5 亿年前

所有的大陆连在一起，组成了一块巨大的陆地，这就是"泛大陆"，意思是"所有的陆地"。泛大陆之外，围绕着巨大的原始海洋，被称为"泛大洋"，意思是"所有的海洋"。

2 亿年前

泛大陆分裂成两大块陆地——北方的劳亚古陆和南方的冈瓦纳古陆。

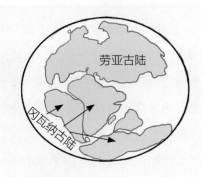

1.35 亿年前

两大古陆进一步分裂。冈瓦纳古陆分裂成为非洲大陆和南美洲大陆，中间隔着大西洋。印度也脱离了古大陆，形成一个独立岛屿，向北漂移。

7

北美洲和格陵兰

亚欧大陆

非洲

印度

南美洲

澳大利亚

南极洲

4000 万年前

此时的陆地看上去与现在的陆地已经较为接近。澳大利亚和南极洲开始分裂。印度与亚欧大陆碰撞。北美洲与格陵兰向西漂移，离开亚欧大陆后，由于海平面的上升，格陵兰成为一座孤立的岛屿。

今日的地球

地球的板块运动永无止境，时至今日，地球的面貌仍在不断发生改变，各个板块分分合合。在板块逐渐靠拢的过程中，有时一个板块会被挤压到另一个之下。下方板块的岩石将会熔化，成为地幔的一部分。由于陆地被挤压破坏，因此这种边界被称为消减型板块边缘（也称聚合型板块边缘）。

然而，与此同时还不断有新的陆地生成。板块与板块逐渐分离的时候会产生缝隙，熔岩或者岩浆涌入这些裂隙，硬化后成为新的陆地。这些地方被称为建设型板块边缘（也称扩张型板块边缘）。建设型板块边缘大多位于海底。

世界天气

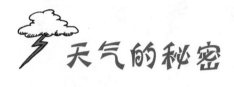

天气的秘密

变化不停的天气影响着地球上每一个生物，但天气是怎么来的呢？又为什么总是变化呢？

行星与大气层

大气层是一层薄薄的、覆盖在行星表面的气体。大气层可以保护地球，使其免受太阳系极端温度的伤害。地球的近邻们——火星和金星——的大气层就不足以支持生命的存在，因为它们不能提供合适的保护。火星离太阳的距离比地球远，冰冷刺骨。金星离太阳的距离比地球近，但由于其大气层太厚，保温效果太好，因此金星的表面温度高得不适宜生命生存。

地球天气变化主要发生在大气层中最靠近地表的那一层，被称为"对流层"。赤道附近的对流层厚度约 16 千米，而在南北极附近，

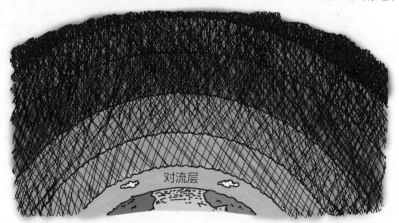

对流层

对流层则更薄，厚度仅大约 7 千米。事实上，如果把地球按比例缩小成地球仪的大小，那么对流层的厚度甚至比地球仪表面的清漆还要薄呢！

天气和气候的区别

"天气"指的是大气层中时时刻刻、一天一天的变化。"气候"则指的是大气层在一段较长时期内的状态（通常至少是 30 年以上的时间跨度）。

最冷与最热

地球每时每刻都在自转，自转一圈需要一整天，也就是 24 小时。地球在自转的同时，也沿着一条固定的轨道绕太阳公转。太阳向着周围的行星辐射光和热，但这种"加热"并不均匀。位于地球中间的区域（我们称为热带地区）受到的热辐射要多于地球的南端和北端（也就是我们所说的极地地区）。

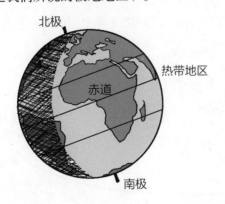

地球的"空调系统"

来自太阳的热量会在地球表面自发从较热的地区向较冷的地区流动。流动的方式通常是洋流、风或风暴（例如飓风）。通过这些方式，地球上的热量分布得更均匀了。

你大可以把这想象成地球自带的冷暖空调系统。正是由于能够有效地平衡气温，地球才成为适宜生命居住的星球。如果没有这一热量循环系统，那么地球的南北极就会比现在冷得多，而热带地区则会过热。一些科学家认为，没有热量的循环系统，地球就不会有生命存在。

四季变化

如果你仔细观察地球，你会发现地球的地轴——也就是假想中地球自转的转轴——是倾斜的。地球绕着太阳公转的周期是一年，这个运动的轨迹称为公转轨道。地轴与公转轨道之间存在夹角，这就意味着在一年中的不同时期，地球上受到较多太阳光照射的区域是不同的。

地球在公转轨道上的运行产生了四季的更替。在北半球的冬季，由于倾斜，北半球偏离阳光直射方向，此时接受到太阳的光和热较少，

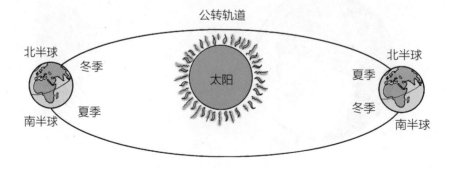

气温就比较低。与此同时，南半球接受到的光照时长较多，于是南半球就进入炎热的夏季。随着地球继续公转，北半球接受到的光照一天天增加，夏季到了。而此时，南半球则进入了冬季。

随风飘荡

地球上绝大多数的气流和洋流都是由于温度和气压的变化而产生的。气压是大气层中的气体受重力影响作用于地面的结果。由于不同区域的气温存在差异（例如海洋与陆地），因此气压也不同。冷空气密度较大，会下沉；暖空气密度较小，会上升。

气压的差异形成了风。空气从高气压处流向低气压处时，风就产生了。气压差越大，风速也就越高。

空气遇冷收缩，密度增大，从而下降。冷空气"较重"，气压较高。

空气遇热膨胀，密度减小，从而上升。热空气"较轻"，气压低。

想要"制造"出属于自己的风吗？方法很简单，只需一个气球即可。当气球吹胀时，气球内的气压要高于气球外的。这时捏紧气球开口处，然后松开——呼呼呼~

你自己创造的风，感觉到了吗？

你问水

你知道吗？同一滴水，可能从数千年前到现在一直存在于我们身边。同一滴水，前一周还在海洋中溅起水花，可能下一周就成为落在你脑袋上的雨滴。这个过程就是下图所展示的"水循环"。这个过程使地球上的水得以不断自我洁净和循环利用。

要了解水循环的过程，你需要记住以下关键词：

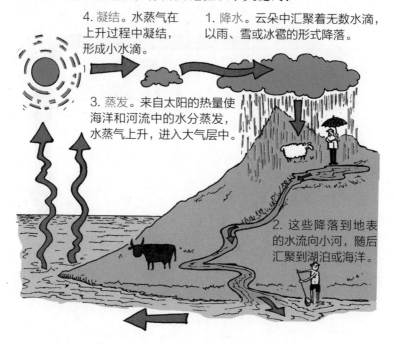

4. 凝结。水蒸气在上升过程中凝结，形成小水滴。

1. 降水。云朵中汇聚着无数水滴，以雨、雪或冰雹的形式降落。

3. 蒸发。来自太阳的热量使海洋和河流中的水分蒸发，水蒸气上升，进入大气层中。

2. 这些降落到地表的水流向小河，随后汇聚到湖泊或海洋。

观云

你是否曾经躺在草地上仰望天空？天空中形状各异的云朵是不是既美丽，又神奇？你会看到有的云朵像人脸，有的像汽车，有的像牛羊。当然，你应当也知道，云是地球天气的重要组成部分。它们可是移动的、飘在空中的巨型水库。温度较高且离地较近的云产生降水，而温度较低且离地较远的云则产生冰雹和降雪。

天空中的云有许多种。下面为你列出了四种主要的云：

云的种类	云的特点	云的形状
卷云	长而丝缕状，像头发	
积云	蓬松状，底部平坦	
层积云	低沉且呈灰色	
层云	低矮、平铺的片状云	

下雨啦

并不是每个人都喜欢下雨。不过，下雨对于地球上的生命至关重要。不仅植物和动物依赖雨水生存，雨水对于人类更是不可缺少，如用于饮用、烹饪、灌溉和清洁等。

小雨点的诞生

小雨滴的形成需要满足若干条件。

首先，需要大量的微粒，这些微粒通常来自悬浮在大气层中的海盐、烟尘或火山灰微粒。

其次，还需要水。暖空气上升后，周围温度下降，水蒸气凝结成水滴。不过，水蒸气只有在固体表面才会凝结成水——通过观察家中的日常现象，你也可以发现这一点。例如，当你淋浴时，水蒸气会在浴室镜子上凝结。

天空中发生的情况也是如此。遇到灰尘或海盐等微粒时，水蒸气凝结成小小的水滴，越来越多的水分子聚集到微粒上，直到由于重量太大无法继续飘浮在空中，水滴就降落在地表形成雨。

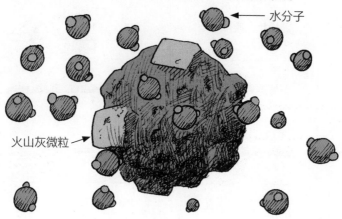

水分子

火山灰微粒

彩虹之上

太阳光由许多颜色的光线叠加组成，当彩虹出现的时候你就可以明显看出这些颜色。大自然只需要阳光和降雨就能制造出美丽的彩虹。当阳光透过雨滴时，阳光中不同的颜色以不同的角度发生弯曲（折射），就形成了天空中绚丽多彩的彩虹。

雪和冰雹

雪花的形成过程和雨滴是一样的，只是温度更低。雪花形成时，水蒸气直接凝结为固态，完全跳过了液态过程。它们在微粒周围形成了结晶，这些结晶飘落到地面，就是雪。当然，有时候雪花还没有落到地上，就融化了，此时降下的就是雨夹雪。

冰雹是坚硬的球状冰块。水滴在气流的作用下进入高空，高空温度非常低，水滴由于低温结成冰，并且不断聚合。在气流的作用下，这些冰块忽上忽下，越聚越大，直到由于太重而无法继续飘浮，落到地面成为冰雹。

冰雹有时十分危险。在1888年，印度莫拉达巴德市的一场冰雹造成了250人死亡。当时的冰雹颗粒足有板球（注：大小类似网球）那么大。

电闪雷鸣

　　雷暴发生在潮湿的暖空气遇到干燥的冷空气时。暖空气上升，形成巨大的塔状云。此时云中的小冰晶互相撞击，形成"静电"（你可以用毛衣摩擦气球，也会产生静电）。如此一来，云的顶部充满正电荷，底部充满负电荷，电流在云的顶部与底部之间噼啪作响，并以闪电的形式击向带正电荷的地面。在闪电经过之处，高温使得空气急剧膨胀，因此产生的巨大声响就是我们听到的雷鸣。

云层顶部的正电荷与底部的负电荷相互作用，形成闪电。

你知道吗

闪电的宽度不到 5 厘米，但温度甚至比太阳表面温度还要高。

这不是气象学家的错

你可能在电视上见过气象学家或天气预报员，他们会告诉你未来几天的天气情况。也许，他们会预报在你计划去海边的那一天将会发生雷阵雨，或者在圣诞节那天会有大雪。不过，当那一天真的到来时，也许不过只是一场小雨。但你可不能责怪这些气象学家——他们只能研究天气，不能操控天气。

气象元素	含义	单位	测量仪器
温度	冷热的程度	摄氏度（℃）或华氏度（℉）	气温计
气压	空气的"重量"	帕斯卡	气压计
云量	天空中被云覆盖的比例	八分制或天空的八分量	目测法或使用卫星照片
风速	风的快慢	千米/小时	风速计
风向	风吹来的方向	方位，如北、南，等等	风向标
能见度	可见的距离	米或千米	能见度表
降水量	降水的多少，包括降雨、降雪和冰雹等	毫升	雨量测量器

全球变暖

地球温室效应的精密平衡正由于人类大量燃烧石油和天然气而遭到威胁。你也许听过别人谈论"全球变暖"，但这究竟是什么意思？又会如何影响地球呢？

很多人谈到全球变暖时，会用到"温室效应"这个词，而他们实际想表达的其实是"一种加强了的温室效应"。这种效应的产生是因为近年来被释放到大气层的温室气体量急剧增加。

火电厂和燃油汽车会向大气中释放二氧化碳。同时，家畜在放屁和打嗝时会释放一种叫"甲烷"的气体。进入大气层的二氧化碳和甲烷增加，将使得更多的热量被"锁在"地球，从而升高地球平均气温。这就是人们常说的全球变暖。

谁也不能断言"全球变暖"对地球的长期影响，但人们已经记录到了其对天气的影响。地球的精密平衡被破坏得越严重，荒漠化、洪水等等灾害的发生也将越剧烈。

一层保温毯

你已经听说过"温室效应"这个词了。"温室效应"为地球上的生命提供了适宜的温度保障。

大气层中的二氧化碳、甲烷等"温室气体"就像是一层保温毯，白天吸收太阳热量储存其中，晚上气温降低时再将其释放。温室气体有助于维持气温恒定。更多关于温室效应和全球变暖的介绍，请见上一小节。

你循环利用吗

可以说，地球是一个超大型循环利用系统。下一次，如果你纠结垃圾是否需要回收，想想地球为了能够让人类舒适居住需要做多少的环保回收吧！所以，加油，成为一个回收小战士也是在为地球做贡献呢！

超大型回收星球

　　地球的神奇之处，就在于存在许多复杂而精密的系统，没有这些系统，地球上就不可能存在生命。这些系统之间有着微妙的平衡，为我们提供喝的水、呼吸的空气，以及其他我们所需要的一切。

　　让我们看看具体有哪些系统：

　　光和热　太阳光为地球提供了热量。通过天气系统，热量得以从赤道（想象中地球的"腰带"）附近流向寒冷的南北极地区。陆地和海洋可以吸收太阳的热量，起到保温作用。白色的云和被冰雪覆盖的极地地区可以反射太阳光，起到降温作用。太阳光点亮了世界，使得生命绚烂多姿。

这是一杯祖传的水。

　　空气和食物　植物吸收我们呼出的二氧化碳，并以此为原料合成我们生长所需的糖类。植物既可以作为我们的食物和药物，还是我们呼吸必需的氧气的来源。

　　水　你知道吗？水也是不断循环的。你喝的水、洗澡的水，可能在古代文明时期就已经存在，只是经历了各种转换和循环。

河 流 湖 泊

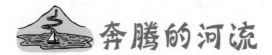 奔腾的河流

　　如果把地球想象成人体，那么河流就是将营养输送到各处的血管。河流提供了水源，使得饮水、烹饪、洗涤和农业生产成为可能。同时，河流就像一条宽阔潮湿的道路，人们得以运载货物、扬帆远航、开疆辟壤。纵观人类历史，人们总是把家园建在河流沿岸。

河流的源头

　　有一点是确凿无疑的，那就是河流总是"奔流向下"，这得归功于重力。河流的源头，也就是河流开始的地方，通常地势较高，有时甚至是在山上。源头的水可能是雨水或融化的雪水。涓涓细流一路向下，越来越多的细流汇入，越来越多的雨水积聚，汇成溪流。有时候，溪流也来自涌出地面的地下水（称为泉水）。很快，溪流顺流而下，汇聚了更多溪流，成为河流。流下山丘之后，地势通常趋于平坦，因此水的流速也会缓和。河流的水流速度通常小于溪流。最后，河流抵达其终点，汇入湖泊或海洋，这个终点称为"河口"。

顺流而下

　　河流不只将人和货物从一个地方运到另一个地方，也是地球的"专属造型师"。在日夜不停地奔涌过程中，河流每时每刻都在雕琢着地貌。每年，河流侵蚀大量泥土，裹挟着它们顺流而下。

以柔克刚

事实上，河流对岩石的破坏方式是多种多样的，这些方式大致可以归为四种。

侵蚀　水流中夹杂着的石块，对河床和河岸产生磨蚀。

磨损　水流的流动过程中，其夹杂的石块之间互相撞击，发生磨损。

溶解　水流可以溶解河床和河岸中可溶性矿物。

水力作用　水流的作用力破坏了河床和河岸。

世界上最长的河流

几个世纪以来，地理学家们总是为河流的长度争论不休。你或许会认为，测量河流长度再简单不过：拿一卷尺从河流的源头量到终点就好了。不过事实上，河流的长度是很难测量的。这是因为，河流的源头和终点究竟在哪，专家们往往无法达成一致意见。如此一来，河流的精确长度就常常引起争议。这其中最激烈的争议之一，就是尼罗河与亚马孙河的"世界最长河流"之争了。下面这张表格为你列出各大洲最长的河流。

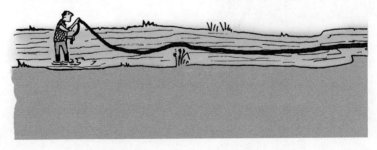

河流	所属大洲	长度
尼罗河	非洲	6650 千米
亚马孙河	南美洲	6400 千米
长江	亚洲	6300 千米
密西西比河	北美洲	6275 千米
伏尔加河	欧洲	3645 千米
墨累河	大洋洲	2500 千米

三角洲

　　河口地区地势平坦，水流缓慢。河流中携带的泥沙慢慢地沉积在河岸和河床，形成沉积物。日积月累，这些沉积物越积越多、越堆越高，最终形成一个三角形的区域，称为"三角洲"。这是大自然鬼斧神工的土地"生长"方法之一。

　　恒河河口地区是世界上最大的三角洲，其面积可达 10 万平方千米，约有 1.3 亿人居住在这一区域——这个人口数字，是英国人口数量的两倍之多。

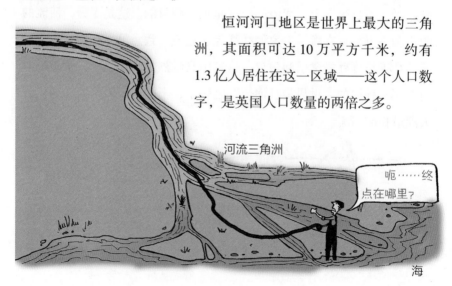

河流三角洲

呃……终点在哪里？

海

神奇的瀑布

有时候，河流流经的区域，存在着多层堆叠岩石，坚硬的岩石位于松软岩层之上。经过千百年的水流侵蚀，松软岩层的侵蚀程度要大于坚硬的岩石。这就形成了悬崖瀑布和瀑布底部的跌水潭。

瀑布世界纪录

下面的表格列出了四种"瀑布之最"，以及它们所保持的"世界纪录"。

最高的瀑布	安赫尔瀑布，南美洲，979 米
最宽的瀑布	维多利亚瀑布，非洲，1.7 千米
水量最大的瀑布	因加瀑布，非洲，70 793 立方米/秒
最高的人造瀑布	马莫雷瀑布，意大利，165 米

有不少狂人以生命为代价向瀑布提出挑战。这其中，最出名的莫过于查尔斯·布兰丁——他于 1859 年在尼亚加拉大瀑布上空表演了走钢丝绝技。在 1901 年，安妮·爱德森·泰勒乘坐一个圆桶在尼亚加拉大瀑布漂流，并且毫发无伤。而其他做了类似尝试的探险家们则没有那么幸运了……

了不起的大坝

在世界的各地，人们筑起大坝，并把拦下的水储存在人造湖中——这种人造湖被称为水库。这种筑坝行为已有数百年历史，并且一直延续至今。

大坝的另一个功能是控制水的流量，从而防止下游发生洪涝灾害。人类已经利用了世界上的许多河流进行水力发电，包括尼亚加拉河大坝和三峡大坝。在夜间及在冬季，尼亚加拉大瀑布有一半的水被用于发电。中国的三峡大坝跨度达 2.3 千米，是世界上最大的大坝之一。

有些人也许担心大坝会破坏自然生态环境。大坝会阻挡河流携带沉积物，从而降低下游生成新陆地的速率。在某些地区，由于水流被阻挡，下游地区的农业生产可能受到损害；在另一些地区，由于大坝的修建，上游水位上涨，造成部分居民无家可归。

你知道吗

人类修筑大坝的灵感，很可能来自河狸。人们观察到，河狸会修筑堤坝作为庇护所。

洪水！

在大多数时间里地势低洼的山谷十分适宜居住。数千年前的壁画显示出，当时人们就已在山谷地区生活，因为这些地区草木繁盛、土壤肥沃。并且，靠近河流给饮水和灌溉（比如用于种植稻谷）提供了极大便利。不过，问题来了：山谷地区容易在河流泛滥时遭遇洪水。对于河流本身而言，泛滥是再正常不过的事情——土壤也因为洪水带来的营养物质而变得肥沃。但是，洪水会摧毁附近居民的生活。事实上，洪水是地球上最常发生的自然灾害。

洪水的成因

发生洪水的原因有很多，有些是自然的，有些则是人为的。有时候，是因为暴雨使河水满溢，漫过了河岸；有时候，是因为积雪迅速融化；还有些时候，是因为大坝发生了垮塌。

洪水泛滥之处

你在地球上居住的位置，很大程度上决定了你遭遇洪水的概率。

从历史上看，最容易遭遇洪水的地方是中国。在过去的150年中，洪水造成了超500万人的死亡。在未来，全球变暖意味着将会有前所未有的人数处于洪涝灾害的威胁之下。人类砍伐了大量树木，并把大片陆地用水泥覆盖。这就意味着，一旦气候变暖，两极冰盖融化、海平面升高、雨水增多，雨水无法被土壤吸收，而将会以更快的速度汇入河流。因此，洪涝灾害将影响更多地区。

洪灾为什么如此危险

　　也许你曾在电视上看见过洪水的景象。这类自然灾害不仅造成巨大经济损失，而且十分危险。来势汹汹的洪水会卷走沿途的一切，无论是石头、树木，还是汽车、房屋。臭烘烘的洪水漫入房屋，会破坏其中的财物。放眼望去，道路、农田、电线杆无一幸免。虽然到处都是水，但你绝不会想要喝它，因为洪水常常被污染，如果喝了会引起疾病。洪灾时，就算有幸找到干燥且安全的地方躲避，也很难获得足够的食物和清洁的水源。即使洪水退去，也往往需要数月甚至数年才能恢复。

 湖　　泊

当河流流经陆地的凹陷处，就形成了湖泊。湖泊不仅是钓鱼和游泳的好地方，而且还储存了整个地球 87% 的地表淡水。考虑到地球上 97% 的地表水是不可饮用的咸水，还有什么理由不喜欢湖泊呢？

湖泊的形成

地表为什么会出现适合形成湖泊的凹陷呢？有好几种可能的过程。有些凹陷是火山喷发留下的火山口，有些是陨石撞击地球留下的深坑。不过，绝大多数湖泊的形成，是由于一种叫作"冰川运动"的地质过程。下面列出的，是湖泊形成的几种可能过程：

冰川运动　冰川是经历了漫长岁月才形成的巨大冰块。它们以非常缓慢的速度沿着山坡向下移动。冰川一毫米一毫米地向下挪动，缓慢地雕刻着地表的形态——它们像是巨型的冰质掘土机，慢慢地从地表挖掘出埋在土壤中的巨大岩石，并留下空隙，同时在土壤之下坚硬的岩石（也称基岩）

上留下擦痕。

大约 18 000 年前，那时的地球要比现在冷得多。冰川覆盖了地球大部分的陆地，它们不断"长大"，不停移动。后来，随着地球变暖，"冰川时代"结束了，大块的冰川开始融化。经年累月，融化的冰川水填满了由冰川自己雕刻出来的盆地，形成了湖泊。世界上最大的湖泊体系——北美洲的五大湖，就是这样诞生的。

板块构造活动　这是指构成地壳的板块的活动。板块构造活动使板块破裂、分离，在地面形成大凹洞，称为"裂谷"。若这些凹洞中蓄满水，就形成了湖泊。俄罗斯西伯利亚的贝加尔湖就是这样形成的。它是世界上最深的湖，深度达到 1642 米。同时，它也是世界上蓄水量最大的淡水湖。

人工湖　人们建造了很多人工湖，或者说水库。例如加纳的沃尔特湖是世界上最大的人工湖。其面积达到了 8502 平方千米，约与整个法属科西嘉岛面积相当。

北美五大湖

北美五大湖位于北美洲加拿大与美国的交界处，由 5 个淡水湖组成。它们是：苏必利尔湖、密歇根湖、休伦湖、伊利湖和安大略湖，其周边居住着 3300 万居民。五大湖的总蓄水量占地表全部淡水资源的 21%。如果把五大湖的水平均灌到美国本土的 48 个州，那么整个美国将成为深度达 2.5 米的超级游泳池！

什么样的湖会被称为海

你知道吗？并不是所有的湖泊里盛的都是淡水。有些湖水甚至比海水都要咸，这些湖被称为咸水湖。它们的形成过程与淡水湖并无二致，只是由于没有河流等出水口。水无法从湖泊中流出。这就意味着，这些湖泊中，水分减少的唯一方式是通过蒸发作用。当水分蒸发时，并不会带走湖中的盐分和其他矿物质。时间一长，湖水的盐度就慢慢越来越高。

有些咸水湖明明四面都是陆地，却为何被称为"海"呢？这得从古罗马时代说起。古罗马人认为，所有大片高盐度的水域都应被称为

"海"。例如，世界上最大的咸水湖名叫"里海"，里海实际上位于俄罗斯、伊朗、阿塞拜疆、土库曼斯坦和哈萨克斯坦交界处，完完全全被大陆包围着。

一些咸水湖的盐度非常高。其中之最，当属以色列的死海。死海中几乎没有生物能够生存，这也是它名称的由来。然而，高盐度的另一个惊奇之处在于，你可以毫不费力地浮在死海之上！

充满漂白剂的湖

南极洲有世界上最奇怪的湖泊之一，就是温特湖。温特湖是南极洲最大的淡水湖，但没有人会愿意喝它的湖水。由于某些奇特的化学过程，这里的湖水更像是厨房或浴室使用的漂白剂。冰冷的温特湖常年被冰雪覆盖，并且充满了甲烷气体。

近年来，科学家们在温特湖有了重要的科学发现。虽然看上去没有任何生物能够在温特湖那漂白剂般的湖水中生存，但科学家们却在其中发现了一系列微生物。这类生存在极端环境中的生物被称为"极端微生物"——它们生活在大多数生物无法存活的极端环境中。一些科学家认为，既然生物可以生存在温特湖的极端环境中，那么太阳系中的其他地方也可能有生物存在。例如火星，或是在木星、土星的卫星上也含有与温特湖类似的冰和甲烷的混合成分。

海　洋

 海　　洋

地球表面 70% 以上的面积被海洋覆盖。地球上最深的峡谷和垂直高度最高的山峰都位于海洋之中。海洋不仅改变地球的天气，也是许多生物的家园，但海洋中仍存在着许多人类未知的谜题。

海和洋

地球上的海洋彼此相连，形成一片广阔的水域，有时候我们称其为全球海洋。通常，人们将全球海洋分为五大洋。根据其大小，依次为：太平洋、大西洋、印度洋、南大洋和北冰洋。

五大洋又可以分为较小的部分，称为海。多数"海"被陆地部分包围，但仍是大洋的一部分。世界上最大的海是中国南海，面积超过 300 万平方千米，是太平洋的一部分。有一些内陆的咸水湖也被称为"海"，例如以色列的死海，这是因为它的水非常咸。

下一页的表格为你列出了五大洋所处的位置及其对应的面积。

五大洋在哪

大洋	面积（约为）	所处位置
太平洋	16 000 万平方千米	太平洋
大西洋	8000 万平方千米	大西洋
印度洋	7000 万平方千米	印度洋
南大洋	2000 万平方千米	南极点　南大洋
北冰洋	1500 万平方千米	北极点　北冰洋

暖流与寒流

海洋不只是扬帆远航和游泳冲浪的好去处，它们还是巨型的地球恒温器，或者说是调节地球温度的"超级大空调"。

海洋中有许多流动的水流，它们被称为洋流。根据其温度及化学性质的差异，洋流又分为暖流与寒流。这些暖流和寒流决定了全球海洋的水温。赤道附近的海洋，水温较高，因为其从太阳光照中获得的热量高于极地地区。海洋通过洋流不断将温暖的水流导向极地寒冷地带，如图所示：

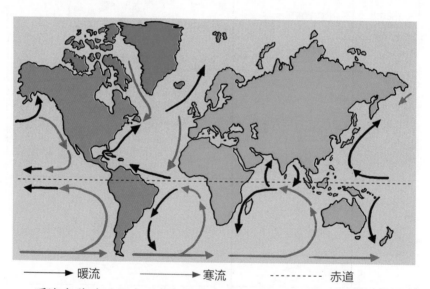

➡️ 暖流　　　➡️ 寒流　　　---------- 赤道

暖流在移动过程中不断加热上方的空气；反过来，寒流在从极地向赤道的移动过程中不断使沿途空气变冷。海洋通过这种方式平衡地球气温。如果没有洋流，那么地球上最热的地方会比现在更热，而最冷的地方会比现在更冷。

北，而不冷

尽管西欧的城市和北美洲东部的城市距离赤道的距离相当，但西欧要比北美洲东部更暖和。不久以前，科学家们还认为这是一股名为"墨西哥湾流"的洋流在起作用。不过，近年来有一些科学家提出是一股来自落基山脉的温暖的西风对于西欧的保温起了更大作用。

这种温和的气候，使得英国的冬季不像北美洲东部地区那么寒冷。

海底之旅

和陆地一样，海底也有山脉、山峰和山谷。假如能到水面之下进行一场"海底之旅"，那你沿途一定会发现许多有趣细节。

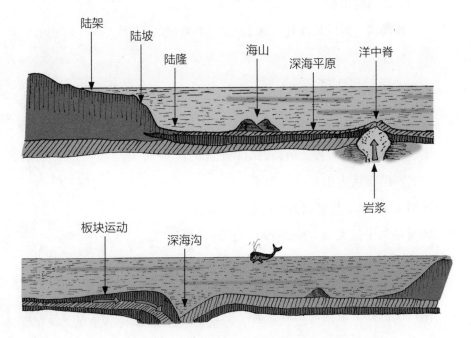

陆架　陆坡　陆隆　海山　深海平原　洋中脊

岩浆

板块运动　深海沟

陆架　陆架位于大陆的边缘。在这里，陆地缓慢向下延伸至海平面以下。陆架区域，海水深度通常不超过 130 米。

陆坡　陆架的尽头是陆坡。在这里，海底坡度变陡。

陆隆　陆隆是介于陆坡与深海平原之间的缓坡地带。陆隆由沉积物堆积形成，并向深海延伸。

深海平原　海底（海床）大部分是平缓的深海平原，其深度可达 5000 米。深海平原上覆盖着一层厚厚的沉积物。

海山　海山是从海床耸立的、高而孤独的山脉，其高度至少 1000 米。

洋中脊　世界各大洋的海床中都能见到长而连绵不绝的海底山脉。洋中脊的形成，是由于两个地质板块逐渐分离，地幔中的岩浆涌出后形成海底山脉。

深海沟　海床最深处可达水下约 11 000 米。

高山和深谷

如果把海洋的水抽干，那么你会看到一幅不可思议的画面——海底有着世界上最高的山和最深的谷。

冒纳凯阿火山是位于太平洋的一座火山，是夏威夷岛（夏威夷群岛中最大的一座岛屿）五座火山中的一座。冒纳凯阿火山露出水面的部分高 4205 米，比世界上最高的山峰，海

拔 8844 米的珠穆朗玛峰要矮不少。

但这里有一个小陷阱。地理学家们计算山峰高度的时候，是以海平面为基准的。这就陷冒纳凯阿火山于不利，因为其大部分位于海平面以下。如果从海床的位置开始测量冒纳凯阿火山，那么其高度将超过 10 000 米，使之成为世界上最高的山峰。

哇，太深了

地球上最深的地方位于太平洋洋底。马里亚纳海沟的"挑战者深渊"是世界最深的地方，其深度达海平面以下 11 000 多米。如果把珠穆朗玛峰连根拔起，投进挑战者深渊，那么珠穆朗玛峰的峰顶距离海面仍有 2000 多米距离呢！

高压之下

科学家们热衷于海底探险，然而深入海底的难度甚至高于冲出太空。当你进入水下，水的重力会使你承受额外的压力。想要进入深海探险，必须乘坐特制的潜水艇，否则水的压力会将你直接挤成肉泥。这还不是全部！因为太阳光线无法照到此处，海洋深处极黑、极冷。当然，海洋深处也不乏极热之处，那是由于海底的"热液喷口"不断喷出炽热液体和气体所致。

我们为什么要煞费苦心经历千难万险进行海底探险呢？这些探险会给我们什么收获呢？海底仍有许多未解之谜和未知生物等待我们去发掘。深海生物神秘而奇特，科学家发现许多深海生物（例如深海巨型蛤）依赖深海热液喷口获取能量，无须依赖太阳。了解这些终日不见阳光，并且生存于极端温度和压力环境下的生物，有助于人们进一步了解地球。事实上，由于这些极端环境条件下也有生命的存在，使得部分科学家们相信太阳系其他行星上也可能存在着生命。

疯狂海岸线

海岸指的是海洋与大陆或岛屿交界处的狭长地带。海岸线常年受到风和水的冲击，地貌不断改变，形成了一些十分独特的地形。

海岸线上最忙碌的"雕刻家"当属海浪。海风吹拂，推动海水形成波浪，从远海一路涌向海岸，最终浪花冲击海岸，能量释放。海风的强弱直接影响到海浪的大小。

我们在海滩上看到的浪称为"拍岸浪"。拍岸浪将沙粒、碎石和鹅卵石带到海滩，而浪花退去时，又将沙粒和碎石带回海中。由于海浪常以一定的角度斜着冲击海滩，但退回时却与海岸线垂直。这样一来，海岸就成了沙粒和碎石的"搬运工"。这个过程被称为沿岸输沙。

搬回来

沿岸输沙作用对于迈阿密海滩影响深远。如果不是人为干涉，那么迈阿密海滩将荡然无存，因为海浪会卷走海滩上的沙

子。每隔 5 年左右，人们就要重新将沙子运回迈阿密海滩，用以弥补被海浪卷走的沙子。

人生如岸

人们把海滩作为度假和水上娱乐的场所，至今已有数百年历史，但是海滩会永远存在吗？海滩的存在受到两大因素的威胁：海岸侵蚀和海平面上升（随着海洋变暖和极地冰盖融化，海平面会上升）。在一些地区，例如太平洋的某些低洼小岛，海平面上升一米就会造成灭顶之灾；美国佛罗里达州的大沼泽地国家公园将会完全被淹没；一些地势较低的国家和地区，例如孟加拉国、荷兰以及英国西南部，也将岌岌可危。

果真如此，那么世界地图将与今天大为不同，很多大陆和国家的形状将会发生永久性的改变，一些地势低洼的岛屿会从地图上永久消失。

勇攀高峰

我们的地球，山脉连绵不断。山峰高耸入云而山脉的形成原因深埋于地底。

山如何长高

山的形成，主要有 4 种方式：

褶皱 这是最常见的山的成因——喜马拉雅山脉就是这样形成的。当两个大陆板块互相挤压时，地壳弯曲、变形、隆起，形成褶皱。

火山喷发 陆地板块交接处（称为断层）常发生火山的喷发。熔岩和火山灰通过裂隙从地球内部喷发到地表。随着时间流逝，这些物质累积形成火山。

断层 断层存在的地方也会有山形成。有时候，两个板块互相挤压，发生断裂而非形成褶皱。如此一来，巨大的岩块受挤压上升，形成断层山。

隆起 地壳下的岩浆或熔岩由于压力增大而上涌，使地球表面的岩石向上隆起，形成圆顶、冠状山。

山高云为峰

你知道吗？有些山至今仍在长高。证据表明，一些山曾经与海平面齐平或位于海平面以下。喜马拉雅山脉和安第斯山脉都能找到 18 000 年以前的海洋生物化石。

由于板块的持续运动，地球的面貌也在不断发生改变。科学家们认为，世界最高的山峰——珠穆朗玛峰——至今仍在不断升高，并且逐渐朝东北方向移动。珠穆朗玛峰目前测得的高度是海拔 8844.43 米。很可能未来攀登珠峰的登山者们，要比其前辈们攀爬更远的距离才能登上顶峰。

山的磨损

在山峰停止"生长"之前，风、水和冰就已经开始对其磨损，这个过程称为侵蚀。正是这种侵蚀过程，造就了如今我们看到的各种奇峰怪石。

冰川深深地雕刻着岩石，塑造了很多鬼斧神工的奇景。下面列出的，是冰川过程留下的几大特征地形：

冰斗 冰斗呈碗状，四面环山。冰斗的形成，是由于巨大的冰川侵蚀陡峭的山壁，将巨大的岩石裹挟其中，随着冰川运动，其中的岩石碎片旋转滑动，造成地面凹陷状的深坑。

刃脊 如果相邻山脉均形成冰斗，随着侵蚀的加剧，冰斗不断扩大，山脊越变越薄，最终形成了刀刃状的刃脊。

角峰 角峰是金字塔形的山峰。当山的不同侧面形成三个甚至更多的冰斗时，冰川侵蚀使得山坡呈凹形陡坡，顶峰突出成尖角。阿尔卑斯山的马特峰就是这样形成的。

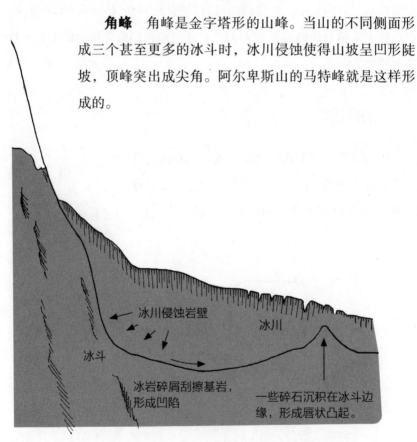

各大洲最高的山峰

下表列出了各大洲最高的山峰及其高度：

山峰	所属大洲	海拔高度
珠穆朗玛峰	亚洲	8844米
阿空加瓜山	南美洲	6961米
德纳里山	北美洲	6190米
乞力马扎罗山	非洲	5895米
厄尔布鲁士山	欧洲	5642米
文森峰	南极洲	4892米
查亚峰	大洋洲	4884米

一些科学家认为，澳大利亚的科西阿斯科山才是大洋洲第一高峰。他们认为查亚峰位于新几内亚岛，虽然隶属于澳大利亚大陆架，但事实上应属于亚洲。对于这一争议，目前仍无定论。所以，那些想要爬遍世界七大洲最高山峰的勇士们，为了保险起见会把科西阿斯科山和查亚峰都爬一遍！

登山的危险

登山是个有趣而刺激的活动，但也可能十分危险。下面列出的，是登山可能遇到的几种危险：

高原反应　人类依赖氧气而活。随着登山者行进到高海拔地区，空气变得稀薄，所含氧气也将减少。如果登山者无法适应低氧环境，就会产生"高原反应"，导致疲劳、呕吐、意识模糊，严重的甚至死亡。

为了预防高原反应，登山者需控制登山速度，不宜在短时间内爬升太高海拔。建议采取阶段式登山，每阶段最多可休息三天，调整身体状态使其适应低氧环境。

雪盲症　雪盲症由紫外线造成。在低海拔地区，紫外线多被大气层阻挡，但仍可以造成皮肤灼伤。高海拔地区，大气层较薄，紫外线也更加强烈。山顶白色的大片冰雪还进一步增强了紫外线的作用，它们会反射高达80%的紫外线，其中一部分会直接反射进登山者的眼睛。雪盲症使登山者的眼睛灼烧，产生疼痛和异物感。同时，由于眼皮肿胀，眼睛可能根本无法睁开。雪盲症的症状通常是暂时性的，可以恢复。佩戴可过滤紫外线的太阳眼镜可以预防雪盲症。

冻疮　冻疮的产生，是由于遭遇严寒，登山者的心脏无法将足够的血液输送至肢体末端，如手指、脚趾等。之所以这样，是为了更好地保护内脏器官。由于供血不足，肢体末端温度降低。冻疮的症状包括手指、脚趾感到刺痛、瘙痒，随后麻木。如果不及时加以处治，那么受损部位可能会严重到需要截肢。千万小心！

预防冻疮的方法是穿戴防风、保暖的衣帽和食用充足的高热量食品。

雪崩

如果山坡上有很多雪，那么就有可能发生雪崩。雪崩是大量的雪和冰沿着山坡滑下的情形，其速度可高达 200 千米／时。

山上的积雪是一层一层累加的，各层之间并不稳固。雪会因为反复冻融而形成冰层，其密实程度也有差异。随着斜坡上冰层的增厚，其发生滑坡的风险也增加，这就意味着雪崩可能随时发生。

造成雪崩的原因有许多——坡的斜度、大型降雪、温度升高、降雨、地震，甚至是附近地区重型卡车的震动都可以引发雪崩。有时候，滑雪者从滑雪道滑下也可引发雪崩。当雪崩发生时，数吨重的雪从山坡滑下，速度越来越快。如果你不幸位于雪崩的行进路线上，那么生存的概率将会很小。雪崩的平均速度为 40-60 千米／时，但它们也可以更快。雪崩破坏力极大，它将沿途树木连根拔起，将道路彻底堵塞，甚至将沿途的人和物品全部掩埋。在山区，有时候需要使用炸药人为制造一些可控的小型雪崩，这样才能保证积雪深度不至于太厚，从而防止发生危险。

关于雪的小故事

你知道吗？大象也曾翻山越岭。在公元前 218 年，迦太基名将汉尼拔率领军队穿越欧洲的阿尔卑斯山，与罗马人作战。他不仅拥有军队，还有马匹和大象用来驮运物资。不过，雪山上的剧烈雪崩造成了大量人畜的伤亡。

极地

太 冷 了

　　极地有何激动人心之处呢？它们是地球南北两端的巨大无人区域。在极地，你视线所及之处，除了冰就是雪，只有零星几只海豹、企鹅或者北极熊。不过，如果你以为南极和北极没什么两样，那就大错特错了！

北还是南

　　北极点位于北极圈内，是地球上最北的点。如果你站在北极点上，那么无论朝哪个方向走，都是朝南。北极点周围并无陆地，想要抵达北极点的探险家们其实是走在数百米厚的冰层上。

　　南极点位于南极洲，是世界上最南的点。如果你站在南极点上，那么无论朝哪个方向走，都是朝北。和北极点不同的是，南极点位于陆地之上，但这陆地被埋于两千多米厚的冰层之下。作为一块大陆，南极洲的面积约是澳大利亚的两倍。

　　南北极有何不同？它们的季节是完全相反的，这是由于地球自转轴倾斜造成的。北极处于温和夏季时，气温可以达到0℃，而此时南半球则是冰冷刺骨的冬季，气温低至零下几十度。

长日（夜）漫漫

你知道吗？在南北极，夏季的"一天"可以长达6个月，冬季的"一夜"也同样长。这是由于地球倾斜着自转的缘故。地球自转使得北极点有长达6个月的时间朝向太阳，而随后的6个月则完全背对太阳。这就意味着，北极点夏天始终沐浴在阳光之下，而此时的南极点则处于漫长冬夜中，反之亦然。

尽管极地的夏天是如此漫长，但仍十分寒冷，温度很少升至0℃以上。这是由于太阳永远不会高高升起。同时，遍布极地的冰雪会将大量的热反射回大气层。

地球专属反光镜

不管你相信不相信，事实上，极地的冰雪正是保证地球其他地区气候温和宜居的关键。

两极地区冰雪覆盖，到处是白茫茫的一片，这就增加了反射率。"反射率"一词用于描述地球表面的反射效率。

地球上的海洋和陆地对于太阳光的反射并不强，其反射率仅为大约10%。这就意味着这些区域从太阳吸收的热量要多于反射回去的。雪的反射率非常的高，可达到85%甚至更多，因此两极的冰雪区域就好像巨大的镜子一样，将其所接收到的太阳光线中的大部分反射回太空，这使地球得以保持凉爽。如果两极地区没有冰雪的话，地球要比现在温暖许多。

漫漫长夜中的光

极地的冬夜虽然非常漫长，但却可以异常绚丽。在北极，夜空中有时可以看到明亮的翩翩起舞的北极光；在南极的夜空中，也能看到类似的南极光。这是由于太空中的带电微粒撞击地球大气层，从而产生了绚丽的颜色。在很久以前，很多人甚至认为这些光是非常危险的。

"温暖的"极地

在南极和北极当中，北极是比较温暖的那一个，其夏天的温度可以达到0℃左右，而冬天在零下30℃左右。相比之下，南极就冷得多——夏季平均气温大约为零下30℃，而冬季可以达到零下60℃以下，地球的最低气温就是在南极洲的东方站记录到的，在1983年的7月，那里曾经低至零下89℃。

你知道吗

直到不久以前，还有很多探险家和科学家认为北极和南极一样，都是被冰雪覆盖的陆地。在1958年，一艘潜艇从北极冰盖的一头下潜，并且从另一头浮出，由此证明了北极只有冰雪，没有陆地。

荒无人烟

如果你到达一个陌生的国度，想要了解当地风土人情的最好方法之一就是与当地人交谈。不过在南极洲你可不能这样做，因为南极洲并没有"当地"居民。约有数千位科学家在南极洲搭建科考基地并进行研究，但除此之外，并没有人生活在那里，你肯定能理解这是为什么。

南极地区一年有长达六个月的时间处于黑暗之中，是地球上最寒冷的地方。不仅如此，南极还是地球上风最大、最干燥的地方。严格来说，南极洲就是一座冰冻的沙漠，那里的一些地方，比如麦克默多站附近，已经有超过200万年时间没有下雨了！

北极熊与南极企鹅大作战

你也许在圣诞贺卡上看到过北极熊和南极企鹅高高兴兴地坐在一起的画面。不过事实上，这两种极地生物绝对不会相遇。

北极熊生活在北极地区，而企鹅生活在南极及南半球部分地区。但两者谁更厉害一些呢？

北极熊 北极熊是世界上最大的陆地食肉动物。它们十分适应生活在零下的低温环境中，可以在冰雪上来去自如。同时，北极熊十分擅长游泳，其厚厚的皮下脂肪不仅像保暖内衣一样起到保温作用，而且增加了水中的浮力。北极熊拥有锋利的牙齿和强有力的爪子，并且能在很远的距离外就闻到猎物的味道。尽管北极熊必须挨过北极零下30℃的寒冬，但这对于它们来说不值一提。

企鹅　帝企鹅是世界上最大的企鹅。和北极熊一样，企鹅也是游泳高手，并且拥有厚厚的皮下脂肪帮助保温。不过，企鹅之所以能在这场极地生存大赛中获胜，所凭借的不只是这些。帝企鹅在南极洲冰冷刺骨的冬季进行繁殖，当雌性企鹅外出寻觅食物时，雄性企鹅留在原地——地球最寒冷最严酷的冬季里——孵蛋。它面临的是零下60℃的低温、凛冽的寒风，以及长达四个月没有光照、没有食物、没有水的生活。雄企鹅与其他雄性同伴挤在一起，等待着企鹅妈妈回家喂养它们的宝宝。这些行为使得企鹅在这场极地之争中夺冠。

岛屿

🌴 我们被包围了

海岛被誉为度假的天堂，地球上有超过 10 万个小岛，因此度假的选择非常丰富。什么是"岛"？岛屿又是如何形成的呢？

世界上最大的岛屿

确定世界上最大的岛屿看似一件容易的事情。只要看看地图或者地球仪，找到最大的那块四面环水的陆地不就可以了吗？事实上并没有那么简单。你可能会误认为地球上最大的岛屿是澳大利亚，因为澳大利亚四面环海，面积是其竞争对手格陵兰岛的三倍。

不过地理学家们认为，应该对岛屿和大陆进行区分。澳大利亚被归为大陆，因而从世界上最大岛屿的竞赛中被剔除了。本书把澳大利亚归为大洋洲的一部分，这使得格陵兰岛以 216 万平方千米的面积成为世界上最大的岛屿。

岛屿的形成

格陵兰岛曾是北美洲大陆的一部分。它是如何成为一个岛屿呢？这里列出了岛屿形成的几种主要方式：

大陆性岛屿　这类岛屿是大陆的一部分，由于海平面上升，只有最高的一部分露出水面形成岛屿。绝大多数大陆性岛屿形成于末次冰期的后期。当时，覆盖在大陆上的巨型冰川融化，大量的冰川融水流入海洋，抬升海平面，把陆地低洼地区淹没。在欧洲北部，这一过程在挪威犬牙交互的海岸线形成了超过 3000 座岛屿。

大不列颠群岛和格陵兰岛也属于大陆性岛屿，只是规模更大。如果海平面下降幅度够大，那么大不列颠群岛将重新与欧洲大陆相连。人们再也不能游泳横渡英吉利海峡，不过他们可以选择步行前往法国购买新鲜的羊角面包或法式长棍。

海洋性岛屿 地球的地壳是由一块一块拼图状的"板块"组成。海洋性岛屿形成于位于海底的板块边缘的火山活动。当两块板块逐渐分离时，洋壳产生裂隙，炙热的岩浆涌出，形成海底火山。随着岩浆的冷却和固化，火山高度逐渐增加，露出水面形成岛屿，太平洋的复活节岛就是这样形成的。

当一个板块俯冲到另一板块之下时，地壳被挤入地幔并熔化成为岩浆，岩浆喷发后形成长串链状岛屿。这些也属于海洋性岛屿，称为岛弧。太平洋北部的阿留申群岛就是这样形成的。

热点 地球的内部深处存在着一些温度很高的"热点"。这些热点温度极高，能将地壳熔化，使内部岩浆喷出，形成火山。随着时间推移，火山逐渐增高，露出海面形成岛屿。大西洋中的叙尔特塞岛就是此类海洋火山岛。

热点成因的岛屿距离板块边缘常常有数百千米之远。经过数百万年的时间，一个"热点"可以产生一系列的岛屿，这是因为上方板块缓慢漂移，而"热点"保持在原地不动。随着板块的漂移，"热点"不断在地壳中融化产生新的"孔"，从而形成新的火山和岛屿。

夏威夷群岛

夏威夷岛链就是这样形成的。夏威夷群岛共有上百个岛屿，其中最新的岛屿还在太平洋海底蓄势待发。先不要着急预定去那里的度假，因为岩浆需要数千年的慢慢累积，才能使新火山岛露出海面。

不是岛，而是珊瑚环礁

随着板块的漂移，火山岛会慢慢地远离最初的"热点"，此后火山开始逐渐下沉。受雨水、大风和海浪的侵蚀，岛屿逐渐消失在海平面以下。夏威夷群岛中，西北部岛屿最为古老，东南部岛屿最为年轻。最古老也是最远的夏威夷岛屿，甚至算不上是"岛"了。当然，它曾经是一个岛屿，但现在只是一座"珊瑚环礁"。珊瑚环礁是珊瑚在火山岛四周生长所形成的珊瑚礁，珊瑚礁的生长加速了火山岛的侵蚀，火山岛逐渐消失，最终留下一个环状的珊瑚礁和位于珊瑚礁中央的浅水潭，这个水潭被称为"潟湖"。

你知道吗

珊瑚是由珊瑚虫硬质骨架残骸构成的，所以珊瑚环礁其实是由生物构成的。

生命是怎么来到岛屿的

据目前所知，还从来没有哪一只野猫或者袋鼠会驾船的记录。如果岛屿四面环海，那么第一批在岛上定居的动植物是如何到达的呢？

通过陆地　大陆性岛屿在海平面上升前，曾是大陆的一部分。如果动物和植物恰好位于岛屿的那一部分，那么就会被永远地隔离在岛屿之上。

通过海洋　想要抵达海洋性岛屿，需要更大的冒险。昆虫、蜘蛛、蛇和蜗牛可以通过浮木横渡海洋。它们或爬在浮木之上，或紧紧缠住浮木，随后任由洋流将其带走，直到漂至岛屿时再次踏上陆地，并在此定居繁殖。

植物也可以进行跨海旅行。椰子等有着厚

而外壳坚硬的果实，掉到水中后，会漂浮在水面上。漂至岛屿时，它们就会生根发芽，为岛屿带来新的植物。

通过飞行 准备好起飞了吗？显然，许多鸟和昆虫都会飞。这就不难理解它们是如何来到岛上的。不过你知道吗？植物也可以通过飞行的方式来到岛上。一些种子黏附在鸟类的羽毛上，直到鸟儿着陆时掉下，生根发芽。另一些种子被鸟类作为食物咽下，到达岛屿后随粪便排出，这些种子因此自带额外"肥料"。此外，还有许多种子是被风吹到岛上的。

你知道吗

人类也可以根据自己的设计自行建造岛屿！迪拜的棕榈岛是三座巨大的人工岛，每个岛的形状极像被新月环绕的棕榈树。

这三座岛分别名为：卓美亚、杰贝阿里和德伊勒。岛上拥有众多豪华酒店、高级公寓、餐厅、商店和休闲设施。棕榈岛仍在建设当中，落成后将为迪拜增加 520 千米的海滩。

荒　　漠

荒漠的定义

一提到荒漠，很多人都会想到极其炎热的沙地，上面到处是骆驼和棕榈树。不过事实上，炎热、沙化的荒漠，大约只占了地球全部荒漠的四分之一。

地理学家对于荒漠的定义是，每年降水量少于 250 毫米的地区，或由于蒸发（蒸腾）作用，失水大于降水的区域。

这就表示不能因为热，就说某个地方是荒漠。事实上，地球上有很多炎热的荒漠，也有很多寒冷的荒漠。地球的每一个大洲都有荒漠，甚至在南极洲也有！

伯蒂，这跟我们所熟悉的沙漠显然不同啊！

炎热沙漠中的生物

在炎热的沙漠中生存并非易事。英国所记录到的历史最高气温是38℃，而撒哈拉沙漠在晴天的温度可以达到50℃，夜晚则低至零度以下。如此极端的温度之下，人、植物和动物的生存都变得异常艰难。

沙漠中的危险

一些沙漠看上去是带着小桶堆砌沙堡的绝佳场所，不过且慢，沙漠也有着致命的危险。请看下面：

脱水　当人饮水不足，体内失去的水分多于摄入时，就会发生脱水现象。极端的高温天气会造成人体大量出汗，增加水分流失。严重的脱水会导致意识模糊、方向感丧失，甚至死亡。穿越沙漠的人每天需要饮水十升以上，才能维持生命。

中暑　人体体温过高时，体内的散热机制将会失灵，造成中暑。中暑的症状包括头晕头痛、肌肉痉挛等，严重时导致死亡。穿越沙漠的旅行者想要预防中暑，需要避免在一天中最炎热的时刻出行。同时，他们应大量饮水，穿轻质的纯棉服装并戴帽子，并尽可能多在阴凉处休息。

沙漠居民

北非的贝都因人已经适应了在沙漠中生活。他们住在阴凉、有遮挡的帐篷中，过着游牧式的生活，带着豢养的动物四处追寻食物与水源。他们身着飘逸的长袍，使空气在身体周围自由流动，起到遮蔽阳光和保持体温凉爽的作用。

看来，你喜欢双峰款的。

你知道吗

骆驼有两种——单峰驼和双峰驼，其中单峰驼较为常见。骆驼的驼峰中储藏有大量的脂肪，这就意味着它们可以步行数日，而无须进食。

土著居民

澳大利亚土著居民原本生活在干燥多尘的澳大利亚内陆地区。他们有着许多适应沙漠的生存方式。和贝都因人一样，他们经常迁徙，寻找食物和水源，并且也是追踪猎物，使用长矛和回旋镖捕杀袋鼠等猎物的高手。他们还擅长搜寻灌木食物，食谱包括浆果、坚果，甚至昆虫。他们生吃一种木蠹蛾幼虫，吃的时候，虫子甚至还在扭动呢！

荒漠中的致命一咬

荒漠中居住着某些全球毒性最强的动物，比如蛇和蝎子。

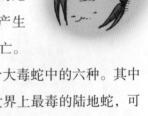

北美洲和中东的沙漠地区生存有一种叫作以色列金蝎的蝎子，其体长可达 11 厘米，尾部有强力的尾刺。被这种蝎子蜇伤会产生严重的过敏反应，甚至死亡。

澳大利亚拥有世界十大毒蛇中的六种。其中的内陆太攀蛇被认为是世界上最毒的陆地蛇，可在咬人的 45 分钟内致被害者死亡。

荒漠是如何形成的

荒漠的形态、大小各异，分布于从海岸到内陆的不同区域，其成因也各有不同。下面是荒漠的一些成因：

信风荒漠　信风是吹向赤道的风，在赤道附近遇热上升，离开赤道。随后，这些空气遇冷降雨。当它们抵达热带地区边缘时，再次变得干燥，因而极少降雨。地球大多数区域的荒漠属于信风荒漠。地球最大的炎热荒漠——撒哈拉沙漠——即属于此类，其温度可高达57℃。

滨海荒漠　寒流流经的区域容易形成滨海荒漠。在这些地区，空气中所含的水蒸气不如温暖水域，因此降水较少。南美洲的阿塔卡马沙漠属于此类。一些地理学家甚至认为，阿塔卡马沙漠的部分地区从未下过雨！

雨影荒漠　饱含雨水的云朵经过山的迎风坡时被迫抬升，随着空气的冷凝，形成降雨或降雪。而山的背风坡，几乎没有降水。这种效应被称为雨影效应，此类雨影地区可以形成荒漠。

高山荒漠　海拔3000米以上的高山地区，可以发现这种类型的荒漠。这些地区的年降水量不足40毫米，因为很少有云能到达这个高度。高山荒漠最著名的例子就是西藏北部。

内陆荒漠　这类荒漠常位于大陆的中央，距离海洋较远。云在海洋上空生成，当它们移动到内陆时，湿润的空气上升冷却形成降雨。如果陆地面积太大，那么在被风吹到陆地中央之前雨就已经下完了。戈壁地区就是典型的内陆荒漠。

极地荒漠　尽管极地荒漠可能被冰雪覆盖，但其年降水量不足 25 厘米，因此也属于荒漠。南极荒漠是典型的极地荒漠。据估计，在南极洲的某些地区，已有超过 200 万年没有降水。

世界最大荒漠

下表列出了世界五大荒漠及其面积：

沙漠	所属大洲	面积
南极洲荒漠	南极洲	1400万平方千米
撒哈拉沙漠	非洲	860万平方千米
阿拉伯沙漠	亚洲	233万平方千米
戈壁荒漠	亚洲	130万平方千米
喀拉哈里沙漠	非洲	93万平方千米

沙漠灾难

你知道吗？地球上的荒漠区域正在逐渐扩大，新的荒漠正在不断形成。这一过程名为荒漠化，受下列因素的影响而加速：

农牧业　地球人口从未如此之多，人们的生存需要食物，这就意味着农业和畜牧业需要占用更多的土地。于是森林被砍伐，原本不适宜耕种的土地被开垦，用于耕种。

全球对于肉的需求量也在逐年攀升，这就意味着粮食作物的利用率下降。目前全球约 40% 的谷物用于饲养牲畜，这些用于生产肉制品的谷物，原本可以养活更多的人口。

水土保持不力 许多地区降水量很少，密集的农牧业生产会导致土质恶化。恶化的土壤崩解后会被水流冲走或被风吹走。如此一来，土壤肥力下降，植物生长也受到严重影响。

森林砍伐 为了获取放牧土地和燃烧用柴，人们常常砍伐森林。表层土壤失去了植物根系的维系而更易受侵蚀。同时，裸露的土地增加了反射到大气中的热量。由于失去了植物，蒸发到空气中的水分也增加了。这些都加剧了地区的干燥。

森　林

森 林

地球陆地面积的 30% 被森林所覆盖，森林里的各种动物、植物与人类生活息息相关，因此森林对于维持地球上的生命非常重要。

绿色的空气过滤器

森林是大片的、被树木所覆盖的区域。它们常被称为地球的空气过滤器，这是因为森林能够吸收数十亿吨二氧化碳。二氧化碳是温室气体的一种，被认为是造成地球温室效应的元凶。汽车、工厂，甚至是动物和人类的呼吸，都会产生二氧化碳。

森林中的所有植物都吸入二氧化碳，随后在阳光的作用下，通过一种名为"光合作用"的化学过程，将二氧化碳和水变成糖类。这一过程产生的"废物"只有水和氧气，而氧气恰恰又是我们呼吸所必需的。

森林的类型

森林几乎到处都有，它们遍布地球除南极洲以外的每一块大陆：在赤道附近炎热而多雨的地区有，在北美洲、欧洲、亚洲的寒冷区域也有。接下来你将看到不同种类的森林：

落叶林　落叶林位于气候温和土地肥沃的温带区域，由落叶树木组成，例如橡树、榉树、枫树等。这些树木的叶子在秋天掉落，留下光秃秃的树干过冬。在大约 5000 年前时，大不列颠群岛还满是森林覆盖，但其中的大部分如今已被开垦，用于农业种植和畜牧。

针叶林　针叶林常见于北美洲、欧洲和亚洲的北方寒冷区域，针叶林由不同种类松柏科植物组成。松树、云杉等松柏科植物，树形呈锥状，不易积雪；树叶呈针状，终年不落叶，因此被称为常青树。许多种类的松柏科植物可以长到惊人的高度。例如加利福尼亚州的一棵加州红木被人们昵称为亥伯龙神（泰坦神族的一员），其树高 115 米，堪称世界之最。

热带雨林　热带雨林常见于赤道附近的热带区域，分布于非洲、亚洲、南美洲和澳大利亚。热带雨林终年温暖，生机盎然。

多层的雨林

据估算，雨林拥有全世界约半数的植物和动物种类。由于对阳光和空间的竞争十分激烈，因此雨林中的动植物生存在不同的层间。

雨林　树木和其他植物的生长需要阳光和空间。本图将为您展示典型的"四层雨林"。

灌木层　这一层光照极少，生长有攀附于树木上的藤蔓、小型蕨类和灌木。这一层是各种昆虫、蜘蛛、爬行动物和小型哺乳动物的家园。

地面层　这一层黑暗且潮湿，居住着蜘蛛、猪、鹿和大型猫科动物等，其动物种类之多，一定会让你大吃一惊。

露生层 这一层是最高的乔木（如桃花心木）的树顶，位于树冠层之上。这些树木暴露于大风和强光照之下，许多鸟类和昆虫在这一层定居。

树冠层 树冠也就是树的伞形部分。树冠层枝叶交错，生机盎然，花朵、水果、猴子和鸟类都在此生活。由于树冠太过茂盛，挡住了绝大部分的阳光，因此会阻碍下层植物的生长。

丛林趣味小知识

直到不久以前，人们还认为世界上最"高龄"的树木应是美国加利福尼亚州的一棵狐尾松。这株名为"玛士撒拉"（意思是非常高寿的人）的狐尾松已生长了 4700 年。不过，最近科学家们在瑞典找到了一株云杉。据测算，它已有 10 000 岁高龄！

亚马孙热带雨林面积约为 600 万平方千米，横跨南美洲 9 个国家。由于面积太大，以至于科学家们认为可能有生活在雨林中的原住民至今尚未与外界有过交流。

印度尼西亚生长着一种巨花魔芋。它是世界上最大的花，高达 3 米，直径 1.5 米。不过，你绝不会想要把这种花送给你妈妈，因为它闻起来就像腐败的肉或者尸体的味道，非常恶心。

最早的口香糖是由杉树的汁液制造而成的，在中美洲热带雨林中生活的古玛雅人会咀嚼一种赤铁科树木的汁液作为"口香糖"。

森林的未来

在过去的 50 年中，亚马孙雨林已经被破坏了 1/5 以上。人们砍伐森林，用以建造房屋、制造家具，或是种植谷物、饲养牲畜。这些对森林的破坏行为，在很多方面都对地球产生影响。

动植物灭绝　地球上大约半数的动物和植物种类生存在热带雨林中，砍伐热带雨林意味着这些物种将无处生存，最终灭绝。科学家认为，地球上每天大约有 50 个物种灭绝，其中大部分是热带雨林居民。一旦某一种动物或者植物灭绝，那么依赖它生存的其他物种也将遭到灭顶之灾。

许多雨林中的植物可用于制药。这些物种的灭绝，意味着某些疾病可能有无药可医的威胁。

全球变暖　雨林的砍伐也加速了全球变暖的过程。森林每年吸收数十亿吨二氧化碳，其中有 30% 是人类燃油或发电所产生的。一旦森林遭到破坏，吸收二氧化碳的树木数量将会减少。二氧化碳属于温室气体，排放入大气中的二氧化碳越多，全球变暖效应也会越强。

荒漠化　森林中的植物有助于水土涵养，防止水土流失。砍伐森林意味着更多的土地被暴露于风吹雨淋，风雨的侵蚀将导致荒漠化。

人们应该保护森林，并种植新的森林。环保主义者正在敦促人们尊重森林，尽可能减缓全球变暖效应，以免后悔莫及。

自然灾害

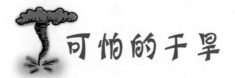

可怕的干旱

一场大雨，或许会令你的夏日旅行计划泡汤，或是让你无法露天烧烤。然而如果不下雨，生活将会变得异常艰难。所有的生命都需要水——没有哪一种动物、植物或者人类可以在没有水的环境下长久生存。如果雨季迟迟不来，就会对人类和动植物造成严重的影响。

干旱的形成

当气候较往常来得更为炎热和干燥时，就会形成干旱。有时候干旱会持续数月，甚至数年。几乎任何地方都有可能发生干旱。如果一个地区的降雨不规律，发生干旱的可能性就更高，例如在美国的大平原、非洲的萨赫勒地区和澳大利亚中部。

导致干旱的原因很多，下面是其中几种：

全球变暖 许多科学家都认为，由于温室效应的增加，地球正在变得越来越热。这意味着降水减少和水分蒸发增加，最终造成了干旱。科学家们预测，全球变暖效应将使得原本干旱的区域更趋干燥，并且有可能使原本降水充足的地区发生干旱。

厄尔尼诺 厄尔尼诺现象可以同时在不同地区分别造成严重的洪灾和旱灾，每隔3到7年会发生一次厄尔尼诺现象。

科学家认为，厄尔尼诺现象的起因是太平洋东部上层水体温度的异常升高，导致了南部的气候模式遭到逆转——澳大利亚和亚洲东南部不再降水，因此这些地方在本应是雨季的时间会发生严重的干旱。

厄尔尼诺现象也为南美部分地区，例如秘鲁和厄瓜多尔，带来大量的降水、风暴和洪灾。

气压变化 雨云在低气压带形成，其中含有雨水。如果低压带遇到高气压，那么高气压将阻止水蒸气的上升，这就意味着无法形成雨云，因此也就无法降雨。如果高气压持续，就不能形成足够的雨云，从而导致干旱。

即使是在相对凉爽的区域，例如大不列颠群岛，也会由于这种原因发生干旱。

　　热带辐合带　热带辐合带是南北两半球信风气流交汇形成的辐合地带，也称赤道低气压带。南北信风交汇时两者上升，随后空气和水蒸气迅速冷凝，形成大量雨云。热带辐合带的位置随季节变化，根据地球与太阳的相对位置在一年中南北移动。

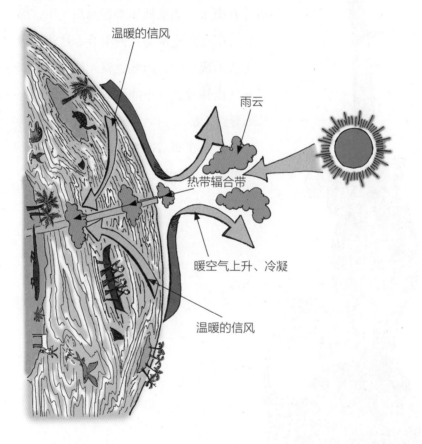

　温暖的信风

　雨云

　热带辐合带

　暖空气上升、冷凝

　温暖的信风

　　热带辐合带及雨云的位置变化使得热带地区有了雨季和旱季。然而，在某些年份，热带辐合带移动幅度缩小。于是，非洲等热带区域就会出现降水不足。如此持续数年，就会造成灾难性的干旱。

大旱之后，必有大灾

旱灾会带来一系列的后续影响：

缺水　由于降水不足和水分的蒸发，河面开始下降，地表水和地下水的储量开始减少。人们可能不得不长距离跋涉，以获得足够的饮用水和生活用水。

食物短缺和饥荒　如果没有水，植物将无法生长，粮食和蔬菜将会减产，甚至绝收。人和动物的食物出现短缺，严重时会发生饥荒。

疾病　在欠发达国家和地区，常规的水源干涸后，人们可能不得不饮用受污染水源。这会造成严重的疾病，例如疟疾。有时候人们别无选择，只能离家前往难民营获取食物、水和医疗援助。

不惧干旱的生物

不可思议的是，有许多种类的动物和植物不惧干旱。即使长时间没有降雨，它们也能顽强生存。这些动植物包括：

仙人掌　仙人掌生长于沙漠之中，浑身都是刺，是典型的旱生植物（适应在干燥炎热环境下生存的植物）。仙人掌的根大而浅，在地下绵延广泛。仙人掌的茎内也可以储存水分。

猴面包树　长相奇异的猴面包树分布于非洲、澳大利亚和马达加斯加。这种树极为强韧，其粗壮的树干中可以储存上万升的水应对干旱。尤为奇特的是，猴面包树的树干长得很像橡皮，火烧也不怕。

骆驼 骆驼被称为沙漠之舟。它们习惯于在干旱地区跋涉，因此人们常利用它们在沙漠中运送货物。骆驼的皮毛很厚，能够反射大部分阳光，使身体保持凉爽。骆驼的眼睫毛很长，有助于遮蔽沙尘。骆驼的鼻孔能够随意闭合，防止沙尘进入。许多人认为骆驼的驼峰中储存有很多水分，但事实上其主要成分是脂肪。由于随身携带了这一"粮仓"，因此骆驼们无须进食即可长途跋涉。

肺鱼 大多数鱼类用鳃呼吸，过滤水中的氧气，肺鱼却与众不同。顾名思义，肺鱼是拥有肺的鱼。它们在水面呼吸空气。肺鱼十分聪明，一旦发生持续数月的干旱，它们会趁河水彻底干涸前挖洞躲藏。它们用黏液将自己包裹起来，这种黏液随后变硬，可以保护肺鱼直到旱季结束。

森林大火

如果户外着火且失去控制，就可能演变为森林大火。森林大火对于自然的破坏力极强，并且充满不可预测性，因此极其危险。

煽风点火

火的形成依赖于三个要素：可燃物、热和氧气。这三者被称为"火三角"。消防队员灭火时，只需去除三要素中的一个，即可达到灭火效果。

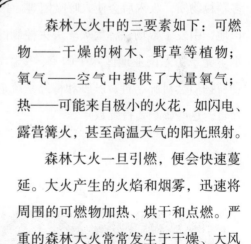

森林大火中的三要素如下：可燃物——干燥的树木、野草等植物；氧气——空气中提供了大量氧气；热——可能来自极小的火花，如闪电、露营篝火，甚至高温天气的阳光照射。

森林大火一旦引燃，便会快速蔓延。大火产生的火焰和烟雾，迅速将周围的可燃物加热、烘干和点燃。严重的森林大火常常发生于干燥、大风

且空气湿度低（即空气中水分极少）的季节。

大风煽起火焰，带来更多氧气，并将火花溅到四周的植物上。由于风向难以预测，因此森林大火极难控制——它们会随着风向的变化而随时改变方向。

认识大火

肆虐的森林大火蔓延速度可以高达23千米/小时。大火所经之处，热浪滔天、狼藉一片。

森林大火的可怕之处不仅在于带来巨大的热量。大火的火焰高达数米，产生的烟尘会使人呼吸困难，树木燃烧时发出的噼啪声更震耳欲聋。下面列出的是森林大火的一些影响：

大气污染 失去控制的森林大火会产生大量的烟尘，其中含有许多颗粒物质，吸入后会使人呼吸困难。1997年，印度尼西亚由于焚烧田地，引发了数场森林大火。失去控制的大火燃烧了数月，其产生的烟尘笼罩了东南亚地区六个国家，受影响的人数超过7000万。这些颗粒物质会对肺、肾、肝脏和神经系统造成损伤。并且，对于许多人而言，这些影响要持续数年。

野生动物死亡　每年都有许多动物由于森林大火丧生。2009 年，一场严重的森林火灾席卷了澳大利亚，造成了约数百万动物的死亡，包括袋鼠、考拉、蜥蜴和鸟类。许多侥幸没有葬身于火海的袋鼠，在重返家园时，被仍然炙热的土地烫伤了。

生命和财产损失　不幸中的万幸，人们在追踪和预测自然灾害方面，已经取得了长足的进步。然而，森林大火移动迅速、方向莫测，因此难于掌控。发生森林大火时，人们往往不得不离家躲避，任由财物被火焰吞噬。

水土流失　森林大火烧毁植被，留下光秃秃的土地。一旦下雨或遭遇风暴，土壤以及其中珍贵的营养物质很容易被水冲走，造成洪水和山体滑坡。这一过程被称为水土流失。科学家发现，森林大火后尽快种草，覆盖裸露的土地，有助于防止水土流失。

大火也能带来好处

人们很容易认为森林大火罪无可赦。不过，在某些情况下，森林大火对于大自然的生机勃勃，起的是推动作用，而非阻碍作用。

数百年以来，人们有意识地在森林和草地纵火，制造人为的火灾。这被称为受控燃烧（即有计划地烧除）。这种有计划地烧除必须由经过专门防火培训、知道如何保证火势可控的专业人士执行。受控燃烧有如下益处：

非洲大草原的农民会故意通过焚烧去除农作物残株，并使土壤重获肥力。这种焚烧是在为下一季的耕种做准备。

有计划地烧除森林，可以清理不需要的植被，避免树木和植物之间相互竞争阳光和养分。

在森林的树冠层，有计划地进行烧除，可以使阳光更好的穿透森林，到达地面层。

部分植物的种子需要火的刺激才能发芽。例如，澳大利亚山龙眼的种子外壳坚硬，只有经过火焰烘烤才能裂开发芽。

世界上那些超严重的森林大火

2009 年 2 月 7 日可能是澳大利亚史上火灾最严重的一天。极端的热浪席卷了维多利亚州，引发大火。大火造成了 173 人死亡和数千房屋损毁。如今，这一天被澳大利亚人称为黑色星期六。

1998 年 6 月和 7 月，美国佛罗里达州的森林大火造成超过 35 000 人流离失所。为了扑灭大火，总共动员了超过 5000 名消防队员。

2010 年 6 月，一场森林大火席卷了俄罗斯中部，烧毁众多村落，造成成千上万人无家可归。这场大火起源于一场俄罗斯百年一遇的严重干旱。

北美洲每年有超过 5 万场森林火灾，其中五分之四是由人们的疏忽造成的。最常见的火灾起因是未彻底熄灭的烟头和露营篝火。

2007 年的整个夏天，希腊都在森林大火中度过。这场大火造成了 84 人死亡。一些珍贵的历史遗迹，例如雅典市和奥林匹亚（奥运会发源地），都处于随时被点燃的危险之中。

火山喷发

　　火山是由于地球的岩浆从地幔喷涌至地表而形成的。由于压力的作用，岩浆或炙热的火山灰从"火山口"（也就是地球表面的洞）中喷出，形成了壮丽而危险的景象。

熔化的山

　　无论是在海洋深处，或是在冰川之下，地球上的任何地方都可以形成火山。火山最常见于板块的边缘地区，在这里，地球表面的板块相互靠拢或彼此分离。岩浆在地下堆积，形成一个巨大的岩浆房，最终喷出地面，形成火山熔岩。火山熔岩的温度可以高达700℃到1250℃。这样的高温会产生巨大的破坏力。火山熔岩质地不一，有的黏稠如果酱，有的多水如奶冻。喷出后，温度降低，喷出的岩浆逐渐变硬，形成各种岩石（包括浮石）。日积月累，火山逐渐形成，根据火山熔岩黏度的不同，其形成的火山形态也不一。火山熔岩之所以会

穹形火山
这类火山中喷出的岩浆呈酸性，固化极快。火山顶部呈圆形，山坡陡峭。

火山灰型
这些火山喷出的不是岩浆，而是火山灰和碎屑。其火山形状取决于火山灰堆积的陡峭程度。一般而言，这种类型的火山呈弧形，越接近地面的部分越趋于平缓。

复式火山
复式火山规模更大、时间更久，是由数种不同类型的喷发带来的火山灰和岩浆层层叠加而起。

有黏度差异，是由于其岩浆的矿物种类和火山内部压力的差异。根据
形态和成因差异，火山可分为如下类别：

热点

热点是位于地壳之下，一些温度极高的区域。热点能够熔化地壳，
使得岩浆涌出，形成火山。即使离板块的边界很远，也有可能存在热点。
由于热点的存在，火山可持续喷发数个世纪。然而地球板块始终处于
移动过程中，因此地壳可能逐渐远离热点所在的位置，于是火山休眠，
不再喷发。

火山的好处

冰岛、新西兰等火山地区拥有很多间歇泉或温泉，其产生的大量
的热水和蒸汽，可用于取暖、发电。同时，这些温泉也是游客观光的
好去处。火山喷发会带来大量富含矿物质的岩石，因此火山造就了一
些世上最肥沃的土壤。

破火山口
破火山口形成于火山剧烈
喷发。由于火山下方积聚
了大量气体，因此喷发时
形成巨大缺口，成为破火
山口。

盾形火山
如果火山岩浆的流动性较
强，那么形成的火山坡度
较缓。如果火山反复喷发，
岩浆不断累积，将会形成
一座面积巨大的盾形火山。

裂隙火山
裂隙火山常见于建设型
板块边缘。它们形似裂
缝，坡度极缓。这是因
为高流动性的岩浆很快
流到了远处。

别掉下去

环太平洋地区有许多火山，它们呈马蹄形排布，称为"环太平洋火山带"。这里有许多的热点和地震活动（板块运动造成地震和火山喷发）。地球上绝大多数活火山（即定期喷发的火山）都位于此带。

火山喷发类型

火山喷发有几种类型。有些类型的喷发令人惊悚：

火山碎屑流 火山爆发后，大量岩石、气体、浮石和火山灰喷涌而出，其速度可达 100 千米/时，温度超过500℃，能够烧毁沿途的一切。

普里尼式火山喷发 普里尼式火山喷发是极其猛烈的喷发类型，可将大量气体和岩石喷入大气，形成大片火山云，并在周围地区下"火山雨"。公元 79 年，意大利维苏威火山发生了此种类型的喷发并摧毁了庞贝古城。一位名叫普里尼的罗马人仔细记录了这一喷发过程。由此，该喷发类型被命名为普里尼式火山

喷发。

蒸气喷发 岩浆进入地表水时，水立刻沸腾，于是产生蒸气喷发。蒸气喷发也会同时将火山灰和大石块从火山中喷射出。

火山来袭

火山熔岩会摧毁沿途的一切，但火山的危害远不止于此。下面列出的是其中一些：

火山泥流 火山泥流指的是火山灰、碎片和水混合后的泥石流。火山爆发后常发生降雨，而雪顶火山在喷发时也会产生大量融雪。在陡坡，火山泥流的速度足以摧毁沿途树木和房屋。

尘埃云 火山喷发使全球遍布尘埃云。这些尘埃云遮天蔽日，造成气温下降。如果尘埃云很厚，那么气温下降可以持续数年。1815年，坦博拉火山喷发，所产生的尘埃云使得次年（1816年）几乎没有夏天。

洪水 火山喷发（尤其是海底火山喷发）会造成洪水。海底火山喷发造成的洪水称为海啸。1883年，印度尼西亚喀拉喀托火山喷发，造成的海啸超过40米高。据测算，超过36 000人因此丧生。

你知道吗

火山一词起源于罗马神话中的火神瓦肯。据传说，他在西西里岛附近的瓦肯诺火山中为众神锻造武器。

地　震

地震常发生于板块断层面，也就是板块相接之处。这些位于地表之下的板块挤压产生的震动有时轻微得几乎无法感知，有时却猛烈得足以摧毁城市。

都是断层的错

环太平洋火山带是地球上地震最频繁的区域，约80%的地震发生于此。不过，只要是板块交界之处，就都有可能发生地震。

大多数情况下，板块之间发生相对位移。部分边界无法发生位移，但板块其余部分仍保持移动。由此，原本推动板块发生移动的力无处释放，不断累加，最终造成岩层断裂。这种断裂释放出巨大的能量，造成地面猛烈摇晃。断层处能量朝各方向传播，产生"地震波"。地震波到达地球表面时，人们感到阵阵摇晃——有时不过是轻轻摇晃，有时却是地动山摇。

震级

有时候，地震以轻微颤动开始，称为"前震"。之后发生的是"主震"，即一次地震中规模最大、最猛烈的部分。主震之后，会发生一系列规模较小的"余震"。如果主震十分猛烈，那么余震可能持续数天、数月甚至数年。

尽管多数板块边缘位于海底，但也有部分位于陆地。最著名的当属圣安德烈亚斯断层，这一断层在美国西海岸沿岸绵延超过900千米，横穿两大城市——旧金山和洛杉矶。由于断层的存在，这一带经常发生地震。

地震波

地震波可在地球传播数千千米，造成严重破坏。那么，地震波的破坏力是从何而来的呢？

人们首先感知到的地震波是P波（也称地震纵波或初至波）。P波对地面产生拉伸、挤压；其传播速度极快，可达6千米/秒。随后感知到的是S波（也称地震横波或续至波）。S波传播速度只有P波的一半，但所造成的破坏更难以承受。因为S波是沿着固体（地表）传播的。

P波和S波之后到来的是表面波。表面波来得最晚，但同样不可忽视。表面波造成地面上下震动，使地面像海面的波浪一样发生扭曲和涟漪。一些地震学家将表面波比作蝎子尾部的毒刺，它会造成致命一击。

地震的测量

地震学家们使用地震仪对地震的强度或者说"震级"进行监控与记录。他们能够利用地震波到达各个监测站的时间与到达时的震级计算出地震发生的时间与地点。

有许多的方法可以描述地震的强度。最常见的方法是美国人查尔斯·里克特在 20 世纪 30 年代时发明的，被称为"里氏震级"。上面每个级别都比上一级的地震强十倍。这意味着二级地震是一级地震强度的十倍，而三级地震则是一级地震的百倍，以此类推。

有记录以来的最强地震发生在 1960 年的智利。震级达到了 9.5 级，造成超过两百万人无家可归。

地震也可以用从"弱"（3.9 级以下）到"强"（8.0 级以上）进行描述。科学家们估算每年会有大约 900 000 次的超弱地震（2.5 级及以下）发生。这么弱的地震甚至无法被人类感知，但是地震仪会将它们记录下来。震源是地球内部发生地震的地方。如果某次强震的震源恰好位于城市的正下方，那么整座城市都有可能被摧毁。这种规模的地震通常五到十年才会发生一次。

地动山摇

地震可造成严重的人员伤亡、房屋倒塌、道路和桥梁断裂。剧烈晃动会破坏地面，中断供电、燃气和通讯，造成火灾。地震也会引发山体滑坡和雪崩；如果震中位于海洋，则有可能引发剧烈的海浪，称为海啸。

当海洋中的水剧烈波动时，就有可能触发海啸。海啸如同涟漪一样在海面传播，海啸在开放水域传播速度快、传播距离广，越靠近海岸，海啸的速度就下降，海浪升高，形成的水墙可高达 40 米。一般来说，波的最低点（波谷）最先到来，表现为巨浪冲击海岸前可能出现短暂的海水后退。这可能是海啸来袭前的唯一预警信号。

2004 年 12 月，印度洋一场震级达到里氏 9.0 级的地震，引发了巨型的海啸。海啸波及了东南亚的印度尼西亚及全球多个国家、泰国、斯里兰卡、印度尼西亚，甚至是非洲索马里都遭受了不同程度的损失。这场海啸累计造成超过 20 万人死亡，超过 150 万人无家可归。

旋　　风

热带气旋是巨大的环状多云雨风暴，常生成于温暖的热带海域。根据发生地的不同，热带旋风也被称为飓风或台风。

风暴的形成

气旋、台风和飓风主要发生在北半球的 7 月至 9 月和南半球的 1 月至 3 月。这些风暴形成于海洋，需要同时满足水温大于或等于 27℃ 和水深大于 60 米的条件，同时，风暴形成之处距离赤道需要至少 500 千米的距离，才能在地球自转的作用下发生自旋。温暖的空气在水面上方循环，在上方的冷空气中上升、蒸发，由此形成了气压极低的区域，从而使风速增加。

这些风暴带来强风、强降雨和巨浪，被称为风暴潮。风暴潮登陆时会造成巨大的破坏。热带气旋也会造成山体滑坡和泥石流。同时，风暴潮和暴雨会导致严重的洪涝灾害。

暴风之眼

飓风的直径可达 1000 千米以上，其风速超过 160 千米 / 小时。飓风的中心被称为风眼；风眼风平浪静，风速几乎为零，通常直径 30 到 60 千米。然而，风眼过后就是风暴最危险的部分——眼壁。这是整个飓风中雨势最强之处，且常伴有强烈的雷暴。

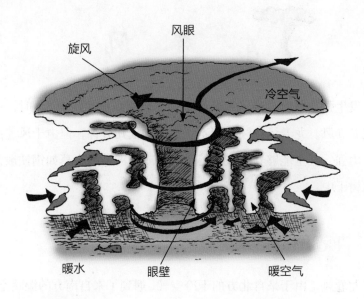

旋风　　　　　　风眼

冷空气

暖水　　　眼壁　　　暖空气

热带漫游者

旋风通常由东向西行进，但具体路线难以预测。热带风暴从生成到消退，需要大约两周时间。旋风在这段时间内对所到之处肆意破坏。

命名游戏

你或许听说过一些旋风的名字，例如：弗兰、约翰，等等。但这些名字是哪里来的呢？

气象学家每年都会准备一个按字母排序的命名表，不同地区的命名表不同。当风暴强度达到旋风级别时，就会被命名以下一个未冠名的名称。如果某个风暴尤其猛烈，造成了严重的伤亡和损失，那么这个名字会从今后的命名表中除去永不再用。

龙　卷　风

发生强雷暴时，强风可转为气旋，风速高达 500 千米／时，由此形成龙卷风。龙卷风持续时间不长，通常仅几分钟，但由于风速高，破坏力强，甚至能够卷起汽车等重物，或使夹带的小草如钢铁般深深钉入树干中。

龙卷风的形成

龙卷风是由于来自北方的干冷空气，遇到了来自南方的湿暖空气，形成了雷暴。当地面的暖湿空气上升时，发生旋转；同时，对流层的冷空气开始下降，沿地面旋转。上升的空气将旋转的风垂直抬起，形成漏斗云，其风速可达 300 千米／时。龙卷延伸到地面，形成龙卷风。龙卷风可能相对静止，也可能以 40 到 90 千米／时的速度移动。一旦到达地面，龙卷风就可造成灾害。

龙卷风着陆

美国是记录到龙卷风最多的国家，大约每年 1000 次。这些龙卷风多发生于"龙卷风通道"——这一通道横穿内布拉斯加州、堪萨斯州、俄克拉何马州和得克萨斯州。仅得克萨斯州一地，平均每年就发生 125 场龙卷风。

你知道吗

北半球的龙卷风多为逆时针旋转，而南半球的龙卷风则多为顺时针旋转。

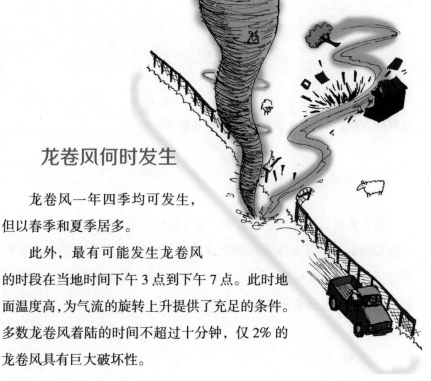

龙卷风何时发生

龙卷风一年四季均可发生，但以春季和夏季居多。

此外，最有可能发生龙卷风的时段在当地时间下午3点到下午7点。此时地面温度高，为气流的旋转上升提供了充足的条件。多数龙卷风着陆的时间不超过十分钟，仅2%的龙卷风具有巨大破坏性。

龙卷风的危害

龙卷风的破坏力可以用"改良藤田级数（EF）"来表示，按照对建筑物和树木的破坏程度不同，分为0-5级：

从EF 0级到EF 5级，其破坏程度逐级增加。EF 0级仅造成部分

EF分级	风速
0	105-137 千米/时
1	138-177千米/时
2	178-217千米/时
3	218-265千米/时
4	266-322千米/时
5	322+千米/时

树枝的折断，而 EF 5 级则意味着彻底破坏。

龙卷风难题

龙卷风可以造成严重的危害。如果你所在的区域发生龙卷风，那么你要做好准备了。龙卷风预警通常只有大约 11 分钟时间，预警信号包括：黑绿色的天空、冰雹、火车般的轰鸣声。如果龙卷风正在逼近，就赶紧找地方躲起来吧！

你知道吗

有史以来纪录到的龙卷风最高风速是 511 千米 / 时。那次龙卷风发生在 1999 年的美国俄克拉何马市。

神奇的国度，奇妙的地图

国家和大洲

　　绝大多数地理学家将地球按照其地理特性和所属板块，把大陆分为七大洲。这七大洲从大到小依次为：亚洲、非洲、北美洲、南美洲、南极洲、欧洲和大洋洲。

　　除南极洲外，每个大洲有若干国家。地球上国家的数量并非一成不变，某些因素可能推动两国的合并或促使某个地区宣布独立。

　　下面的几页列出的，是各大洲国家及其首都的名称。本书将中美洲国家单列。中美洲位于北美洲、南美洲和加勒比海之间，单列的目的是方便地图查找。理论上，它们隶属于北美洲。

亚洲

　　亚洲面积约 4500 万平方千米，是七大洲中面积最大的。亚洲面积约占全球陆地总面积的 30%，人口约占全球总人口数的 60%。七大洲中，只有亚洲与两个大洲接壤，分别是非洲和欧洲。有时候亚洲还与第三个大洲——北美洲——接壤，这发生在白令海峡被冰雪覆盖的冬季。

国家	首都
阿富汗	喀布尔
亚美尼亚	埃里温
阿塞拜疆	巴库
巴林	麦纳麦
孟加拉国	达卡
不丹	廷布
文莱	斯里巴加湾市
柬埔寨	金边
中国	北京
东帝汶	帝力
格鲁吉亚	第比利斯
印度	新德里
印度尼西亚	雅加达
伊朗	德黑兰
伊拉克	巴格达
以色列	耶路撒冷（国际社会有争议）
日本	东京
约旦	安曼
哈萨克斯坦	努尔苏丹
科威特	科威特城
吉尔吉斯斯坦	比什凯克
老挝	万象

（续表）

国家	首都
黎巴嫩	贝鲁特
马来西亚	吉隆坡
马尔代夫	马累
蒙古	乌兰巴托
缅甸	内比都
尼泊尔	加德满都
朝鲜	平壤
阿曼	马斯喀特
巴基斯坦	伊斯兰堡
菲律宾	大马尼拉市
卡塔尔	多哈
俄罗斯（横跨欧亚两大洲）	莫斯科
沙特阿拉伯	利雅得
新加坡	新加坡
韩国	首尔
斯里兰卡	科伦坡
叙利亚	大马士革
塔吉克斯坦	杜尚别
泰国	曼谷
土耳其（横跨欧亚两大洲）	安卡拉
土库曼斯坦	阿什哈巴德

（续表）

国家	首都
阿拉伯联合酋长国	阿布扎比
乌兹别克斯坦	塔什干
越南	河内
也门	萨那

非洲

非洲是世界第二大洲，面积约 3000 万平方千米。据估计，非洲大陆人们使用的语言多达 2000 种以上。

国家	首都
阿尔及利亚	阿尔及尔
安哥拉	罗安达
贝宁	波多诺伏
博茨瓦纳	哈博罗内
布基纳法索	瓦加杜古
布隆迪	布琼布拉
喀麦隆	雅温得
佛得角	普拉亚
中非	班吉

（续表）

国家	首都
乍得	恩贾梅纳
科摩罗	莫罗尼
刚果（布）（刚果共和国）	布拉柴维尔
刚果（金）（刚果民主共和国）	金沙萨
科特迪瓦	亚穆苏克罗* 阿比让**
吉布提	吉布提市
埃及	开罗
赤道几内亚	马拉博
厄立特里亚	阿斯马拉
埃塞俄比亚	亚的斯亚贝巴
加蓬	利伯维尔
冈比亚	班珠尔
加纳	阿克拉
几内亚	科纳克里
几内亚比绍	比绍
肯尼亚	内罗毕
莱索托	马塞卢
利比里亚	蒙罗维亚
利比亚	的黎波里
马达加斯加	塔那那利佛
马拉维	利隆圭

（续表）

国家	首都
马里	巴马科
毛里塔尼亚	努瓦克肖特
毛里求斯	路易港
摩洛哥	拉巴特
莫桑比克	马普托
纳米比亚	温得和克
尼日尔	尼亚美
尼日利亚	阿布贾
卢旺达	基加利
圣多美和普林西比	圣多美
塞内加尔	达喀尔
塞舌尔	维多利亚
塞拉利昂	弗里敦
索马里	摩加迪沙
南非	比勒陀利亚[+] 布隆方丹[++] 开普敦[+++]
苏丹	喀土穆
南苏丹	朱巴
斯威士兰	姆巴巴内
坦桑尼亚	多多马[#] 达累斯萨拉姆[##]
多哥	洛美
突尼斯	突尼斯市

（续表）

国家	首都
乌干达	坎帕拉
赞比亚	卢萨卡
津巴布韦	哈拉雷

* 官方首都

** 实际首都，指非官方的政府中心

+ 行政首都，即执法中心

++ 司法首都，即法律审理、裁决中心

+++ 立法首都，即法律制定中心

官方首都

前首都，外国驻坦使馆仍位于此

北美洲

北美洲是世界第三大洲，面积约 2400 万平方千米。北美洲的最大城市是墨西哥的首都墨西哥城，但人口最多的国家是美国（美利坚合众国）。

国家	首都
加拿大	渥太华
墨西哥	墨西哥城
美国	华盛顿哥伦比亚特区

中美洲和加勒比海地区

中美洲最值得一提的是巴拿马运河。该运河耗时 10 年修建，于 1914 年落成。运河的开通使得船只可以从太平洋出发经中美洲直通大西洋。这段横穿巴拿马的航程约 81 千米，相比绕行南美洲，可节约数千千米航程。

国家	首都
安提瓜和巴布达	圣约翰
巴哈马	拿骚
巴巴多斯	布里奇顿
伯利兹	贝尔莫潘

（续表）

国家	首都
哥斯达黎加	圣何塞
古巴	哈瓦那
多米尼克	罗索
多米尼加	圣多明各
萨尔瓦多	圣萨尔瓦多市
格林纳达	圣乔治
危地马拉	危地马拉城
海地	太子港
洪都拉斯	特古西加尔巴
牙买加	金斯敦
尼加拉瓜	马那瓜
巴拿马	巴拿马城
圣基茨和尼维斯	巴斯特尔
圣卢西亚	卡斯特里
圣文森特和格林纳丁斯	金斯敦
特立尼达和多巴哥	西班牙港

南美洲

南美洲面积约 1800 万平方千米。南美洲跨度很大，既有炎热潮湿的热带地区，也有寒冷刺骨的南大西洋地区。巴西是南美洲面积最大、人口最多的国家。南美洲的安赫尔瀑布是世界落差第一的瀑布，其落差达到 979 米。

国家	首都
阿根廷	布宜诺斯艾利斯
玻利维亚	拉巴斯* 苏克雷**
巴西	巴西利亚
智利	圣地亚哥
哥伦比亚	波哥大
厄瓜多尔	基多
圭亚那	乔治敦
巴拉圭	亚松森
秘鲁	利马
苏里南	帕拉马里博
乌拉圭	蒙得维的亚
委内瑞拉	加拉加斯

* 行政首都，即政府事务的执行中心

** 司法首都，即法律审判和裁决中心

欧洲

欧洲是土地面积倒数第二的大洲，占地约 1000 万平方千米。欧洲拥有许多历史悠久的国家，其中最古老的五个国家为：圣马力诺、法国、保加利亚、丹麦和葡萄牙。

国家	首都
阿尔巴尼亚	地拉那
安道尔	安道尔城
奥地利	维也纳
白俄罗斯	明斯克
比利时	布鲁塞尔
波黑	萨拉热窝
保加利亚	索菲亚
克罗地亚	萨格勒布
塞浦路斯	尼科西亚
捷克	布拉格
丹麦	哥本哈根
爱沙尼亚	塔林
芬兰	赫尔辛基
法国	巴黎
德国	柏林

（续表）

国家	首都
希腊	雅典
匈牙利	布达佩斯
冰岛	雷克雅末克
爱尔兰	都柏林
意大利	罗马
拉脱维亚	里加
列支敦士登	瓦杜兹
立陶宛	维尔纽斯
卢森堡	卢森堡市
北马其顿	斯科普里
马耳他	瓦莱塔
摩尔多瓦	基希讷乌
摩纳哥	摩纳哥
黑山	波德戈里察
荷兰	阿姆斯特丹* 海牙**
挪威	奥斯陆
波兰	华沙
葡萄牙	里斯本
罗马尼亚	布加勒斯特
俄罗斯（横跨欧亚两大洲）	莫斯科
圣马力诺	圣马力诺

（续表）

国家	首都
塞尔维亚	贝尔格莱德
斯洛伐克	布拉迪斯拉发
斯洛文尼亚	卢布尔雅那
西班牙	马德里
瑞典	斯德哥尔摩
瑞士	伯尔尼
土耳其（横跨欧亚两大洲）	安卡拉
乌克兰	基辅
英国	伦敦
梵蒂冈	梵蒂冈城

＊官方首都，法律制定中心

＊＊行政中心

大洋洲

大洋洲面积约 850 万平方千米。大洋洲畜牧业发达，羊的数量甚至多于人口数。大洋洲最大的国家是澳大利亚。有些人认为澳大利亚本身就是一块大陆。

大洋洲位于南半球。这意味着其 6 月、7 月、8 月是冬季，而 12 月、1 月、2 月是夏季。

国家	首都
澳大利亚	堪培拉
斐济	苏瓦
基里巴斯	塔拉瓦
马绍尔群岛	马朱罗
密克罗尼西亚联邦	帕利基尔
瑙鲁	亚伦*
新西兰	惠灵顿
帕劳	梅莱凯奥克
巴布亚新几内亚	莫尔斯比港
萨摩亚	阿皮亚
所罗门群岛	霍尼亚拉
汤加	努库阿洛法
图瓦卢	富纳富提
瓦努阿图	维拉港

*瑙鲁不设首都，行政中心在亚伦区

南极洲

南极洲是七大洲中的例外，它不"属于"任何国家。南极洲面积约 1400 万平方千米，被认为蕴藏丰富的矿物资源。历史上曾有多个国家试图对南极洲宣示主权，但目前南极

123

洲受国际公约管辖，仅有数千位科学工作者勇敢地居住在这一严苛的环境之中。

了不起的地图

地图乍看之下平淡无奇。然而，如果没有地图，举家出游也许会沦为无止境的争吵，乡间漫步也可能变成原地绕圈。最要紧的是，如果没有地图，海盗们要如何找寻埋藏的宝藏呢？

所以说，读地图是十分有用的技能。即使你不是海盗，这一技能或许能在未来的某一天会救你一命呢。

关于地图的基本知识

地图以鸟瞰视角展示位置。地图种类繁多，有街道地图、卫星地图、地形测量图和地图册等。每种地图展示的侧重点有所不同。在开始阅读地图前，你需要知道其如何指示方位。通常，地图的顶部代表北方，而想要找到北方，最简单的方法是使用指南针。

指南针上的四个点分别代表北、东、南和西。记住：上北下南、左西右东。

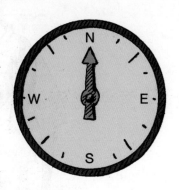

除了东南西北四大方位，每两个方位之间的方位可以用东北、东南、西南和西北来表示。

一旦将指南针指针对准代表"北"的方位后，你就可以旋转地图，将其顶部指向指南针上"北"对应的方位。

距离有多远

如果想要安全地从甲地前往乙地，那就必须要知道你与目的地之间的距离，以及路程所需时间。为了计算出距离，你需要阅读地图的"比例尺"。比例尺代表了实际距离 1 米或 1 千米在地图上所对应的长度。地图上通常有一个刻度线，使你能够很方便地测量距离。

测量直线距离很容易，只需用直尺测量后，利用比例尺进行计算即可知道其真实距离。

如果需要测量的不是直线，那么可以用一段绳子沿地图上的路线摆好，用笔标记好起点和终点后再把线拉直，最后用直尺测量。

一旦知道距离目的地有多远，那么就可估算前往目的地所需的时间了。

网格线

地图上横向、纵向的网格状线条称为网格线。每条网格线都有编号，以便能够快速定位。为此，你需要知道"参考坐标格网"，这是一组六位数字编码，例如：123456。前三位数字（123）代表其从左到右的格子数，后三位数字（456）代表其从下到上的格子数。

第一组数字的第一位（1）代表你需要从左到右看的距离；第二组数字的第一位（4）代表你需要从下往上看的距离。其余数字则指示更精确的位置。

记住。第一组数字代表从左到右的格子数，第二组数字代表从下到上的格子数。

符号和图例

由于地图所提供的信息量太大，因此必须借助符号才可以保证地图的清晰和可读。

每幅地图都会有一个"图例"帮助你了解这些标记。不同的符号可以表示不同的道路类型、铁路线、森林、公园、河流和湖泊，等等。

记住，没有地图会迷路！

图书在版编目（CIP）数据

地球趣多多：一点也不无聊的地理知识/(英)詹姆斯·多
伊勒著；张珍真译.—上海：上海科技教育出版社,2019.8
（厉害坏了的科学）
书名原文：Where on Earth：Geography without the boring bits
ISBN 978-7-5428-6989-0

Ⅰ.①地… Ⅱ.①詹… ②张… Ⅲ.①地球—青少年读
物 Ⅳ.①p183-49

中国版本图书馆CIP数据核字（2019）第072685号

责任编辑 程 着 侯慧菊
装帧设计 杨 静

厉害坏了的科学

地球趣多多——一点也不无聊的地理知识
［英］詹姆斯·多伊勒(James Doyle) 著
［英］安德鲁·平德(Andrew Pinder) 图
张珍真 译

出版发行 上海科技教育出版社有限公司
　　　　　（上海市柳州路218号 邮政编码200235）
网　　址 www.sste.com　www.ewen.co
经　　销 各地新华书店
印　　刷 常熟市文化印刷有限公司
开　　本 720×1000 mm　1/16
印　　张 8.75
版　　次 2019年8月第1版
印　　次 2019年8月第1次印刷
书　　号 ISBN 978-7-5428-6989-0/G·4039
图　　字 09-2018-407号
定　　价 42.00元